中公クラシックス W96

トインビー

戦争と文明

山本　新
山口光朔　訳

中央公論新社

目次

A・J・トインビーの「戦争の比較文明学」　三枝守隆　5

戦争と文明

訳者序　3
著者序　7
第一章　戦争で傷ついた今日の世界　15
第二章　軍国主義と軍事的徳　27
第三章　軍国スパルタ　45
第四章　アッシリア、武装した強者　83

第五章　ニネヴェの重荷――シャルルマーニュとティムール・レンク――　117
第六章　勝利の陶酔　153
第七章　ゴリアテとダヴィデ　165
第八章　軍事技術の進歩の代償　189
第九章　剣をもつ救世主の失敗　205
あとがき　239

A・J・トインビーの「戦争の比較文明学」

三枝守隆

文明が、自身を破壊する「戦争する文明」へと、どのようにして変化してきたか。これが本書のテーマである。それに沿って、アメリカの著名な編集者であり詩人でもあるアルバート・V・ファウラー（一九〇四—一九六八年）が、イギリスの歴史家アーノルド・J・トインビー（一八八九—一九七五年）の『歴史の研究』という作品をもとにして編集したのが本書である。『歴史の研究』の原典は、一九三四年から一九五九年の二十六年間に五回にわけて刊行された十二巻からなっている。本書はそのうちから、著者と編者によって抜粋された九つの章で構成されている。その際、原典のかなりのテキストが省略されており、なかでも詩・戯曲・聖書・神話の引用の省略が少なくない。『歴史の研究』のテキスト全般にいえることであるが、厳密な学術書の体裁をとっているものの、詩・戯曲・聖書・神話の引用が非常に多い。それらの一部は英訳なしのラテン語やドイツ語だけというような原典主義をとっており、しかも、そこには従来の解釈とは異なった新しい解釈が添えられていることもある。つまり、原典のテキストは、読者に対して読者自身でそれらの詩・戯曲・聖書・神話を鑑賞し、その解釈の適否を判断するように求めているといえる。さいわい、われわれ日本の読者には、本書の出版以降に刊行された、原典からのすぐれた日本語の完訳版全二十五巻が供されている。そこでは、原典主義のような突起物は平板化されてはいるが、それでも原典のもつ文学的な芳香を放っているので、読者は本書とあわせてそちらもご覧頂きたい。そこで、読者の便を図ってこの解説の各章末に日本語版の参考になるページを記しておく。

さて、その『歴史の研究』は、現代では比較文明学という学問領域の先行研究の一つであるという評価が学界では定まっている。そして徐々にではあるが、『歴史の研究』のテキストを捉え返して、現代を生きるわれわれが直面している課題に応え得るようなトインビー比較文明論を構築する試みが進められている。この解説では、まず九つの章すべてに共通する考え方が、現代の研究ではどのように捉え得るかを述べ、次いで二、三の章に共通する考え方を、それを代表する章で述べる。

その共通する考え方でまず取り上げなければならないのは、トインビー比較文明論における「文明」とはいかなるものか、であろう。「文明」とは一般的には、世の中が進み精神的・物質的に生活が豊かである状態を指すものと理解されており、明治時代から最近までは「文化」と対立させて物質的な文化、すなわち西欧の文明が念頭におかれているといえる。それに対して、トインビー比較文明論における「文明」の概念には優劣という階梯は包摂されていない。イヌイットの社会も「発育停止文明」として考察されているのである。このような考え方は、『歴史の研究』では「文明の哲学的等価性」と呼ばれており、読者は世界各地に形成された数十の文明に対して没価値的な立ち位置にいることを求められていることになる。

イヌイットの社会も文明の一種であるという考え方は、「文明」も「原始社会」も、「社会」という「種」の一つであるという考え方に由来している。そして、社会とは実体ではなくて「関係それ自体」であると措定されている。このことは、社会は人間の集合でもないし、よくいわれるようなネットワークという比喩も適切ではないとされた上で、ホーリズム（全体論）を提唱したことで知られているヤン・スマッツの論考に依拠して宣明されていることで、よく判る。この「関係それ自体」とは、哲学の領域では関係主義（あるいは、関係論）と呼ばれている。それには、「変化するもの」には、「変化しないもの（不変の実体）」を認められないのではないかという実体主義から関係主義への転換という議論も含まれている。このような議論にしたがえば、先に述べたように文明は社会の一種であるので、文明も実体ではなく「関係それ自体」となり、「不変の実体」はないことになる。このような考え方は、『歴史の研究』においてはさまざまな歴史的事象の説明の基礎となっている。その一例として、成長している文明には、「リーメン〔羅〕limen、（閾）」はあっても境界などというものはない、という論述がある。これは、ある「文明」の周辺に長城がめぐらされていたり、あるいは、観察者が現地を通過する際に文化が徐々に変化するのではなくて、文化が断絶する「リーメス、［羅］limes、（境界）」が感じられたりするような「文明」は、すでにその成長が挫折し解体へ向かっていることを示している、というものである。

この「成長している文明」を没擬人主義的に言いかえると「進歩する文明」となる。むろん、「成長」や「進歩」という概念には、これから述べるような「ある望ましい方向への変化」という価値判断は含まれている。その「進歩する文明」とは、さまざまな人間の活動分野において、創造性を発揮できる機会に恵まれた少数の人々に率いられている社会とされている。社会を構成する大多数の人々は、すべての人間に備わっている「ミメーシス（模倣）」の能力をそこで発揮する。前者は「創造的少数者」と呼ばれ、後者は特に命名されていないが、あえていえば「ミメーシス的多数者」といえる。創造的少数者が「創造的」と規定され得るのは、彼が属している社会がいかなる「挑戦」を受けているかを認識し、それに対してどのように「応戦」すべきかをミメーシス的多数者に示し説得できるからである。その挑戦は、自然環境と社会環境という外部の環境、ならびに人間の精神の深層という内面的な領域にわけられていて、前者二つは「マクロコスモス（大宇宙）」、後者は「ミクロコスモス（小宇宙）」というプラトンの術語で表わされている。自然環境からの挑戦とは、たとえば気候の乾燥化による採取植物の減少などである。それに対する応戦とは、創造的少数者による、たとえば灌漑農業の発明と定住社会への移行を説得することなどを指す。社会的環境からの挑戦とは、たとえば定住農耕社会に対する遊牧民の襲撃などである。それに対する応戦とは、創造的少数者による、たとえば城壁の発明と城壁都市への移行を説得することなどを指す。このようにして形成された社会を引き続き進歩させたのは、あらたな挑戦、たとえば人口増加を創造的少数者が「挑戦」として認識したからであった。このような認識は「分節化」と呼ばれていて、それはすべての人間に備わっている能力とされている。そしてその能力を自身の精神の深層に向けることは「自己決定」と呼ばれている。

自己決定という概念は、人間の精神をトインビーがどのように把握したか、ということと深く関わっていて、それを要約すると次のようになる。精神は、西欧キリスト教文明ではフロイトが発見し、インド文明ではブッダが発見したように、表層と深層、ならびに静的と動的という局面から考察されてこそ始めて理解可能となる。精神の深層を静的にとらえると、そこには、何かを信仰せずにはいられない「部屋」のようなものがあり、その部屋を「真空のままにしておくことはできない」。そこには、宗教だけではなくナルシシズムとかナショナリズムなど、さまざまな思いも入り込むことが可能である。このような見方は、シリアック文明ではイエスによって二千年前に発見されていた、とされている。こうした精神の静的・構造的な把握が示されている一方、精神を含むいわば「人間の生」全体を動的にとらえる考え方として、神学者ルドルフ・オットーの「ヌミノーゼ」の概念が借用されている。すなわち、精神には善でも悪でもない没価値的なダイナミックな力が備わっているとされている。

このように理解された精神の深層からの挑戦が何であるかを分節化することが「自己決定」な

のである。精神の世界からの挑戦とは、たとえば「部屋」に棲みついたナルシシズムとヌミノーゼとが結びついた破壊衝動である。

したがって、創造的少数者が、そのような挑戦に対してどのように応戦するべきかをミメーシス的多数者に示し説得して、文明という社会全体が応戦するような営為こそが、文明のもっとも重要な「進歩」と規定されている。つまり、トインビー比較文明論における「進歩を続ける文明」とは、外的環境における物理的、あるいは物質的な進歩だけを指すのではない。

この自己決定の力を発揮できるような人が、タイミング良く文明という社会に出現して、それまで文明を率いていた「もと創造的少数者」と置き換わることは希である。少なくとも、今日まで出現した数十の文明を率いていた「もと創造的少数者」は、自己決定の力を発揮することに失敗してきたとされている。つまり、彼らは彼らが受けている挑戦が、まさか彼ら自身を含むすべての人間の精神の世界から来ているとは思ってもみなかったのである。そのような自己決定の力を喪失した「もと創造的少数者」は、「支配的少数者」と命名されている。彼らは物理的な世界で、彼らの発揮できるさまざまな力を使って権威や権力を維持して、それまで付き従っていたミメーシス的多数者を抑圧する。この抑圧された「もとミメーシス的多数者」は、「プロレタリアート」と命名されている。

今や、文明という社会は、支配的少数者とプロレタリアートに分裂するのである。プロレタリアートは、物理的には支配的少数者と同じ文明の内部に属するが、彼らに信服できないので、精神的には属さない。したがって、経済的に裕福な人々でも支配的少数者から疎外されていると感じるならばプロレタリアートとなる。逆に、支配的少数者の振る舞いが謙虚に見えるならば一体感だけは維持できることになる。一方、その文明の周辺にはリーメスが形成され、物理的にも精神的にもその文明に属することができないプロレタリアートがその外側に残される。前者のリーメスの内側の人々は「内的プロレタリアート」、後者の外側にいる人々は「外的プロレタリアート」と呼ばれている。そして支配的少数者がおびている抑圧性は必然的に両プロレタリアートの反抗を形成させやがて内戦に至る。それは『歴史の研究』執筆の契機であり、トインビーが絶えず念頭においていたトゥキュディデスの作品ではスタシス（階級闘争）と呼ばれている。さらに、今日まで出現したすべての文明は、支配的少数者が地域ごとに主権を持った国家――都市国家、領邦国家、国民国家など――を擁立し分裂していったとされている。そしてそれらの主権国家はやがて文明全体の覇権を賭けて外的プロレタリアートを巻き込んで互いに争いあう。この闘争はトゥキュディデスの作品では、ポレモス（外戦）と呼ばれ、これが、われわれが一般的に呼んでいる戦争である。この分裂を引き起したさまざまな契機は「挫折、breakdown」と呼ばれ、それを契機に文明は「解体、disintegration」へ進む過程に入るとされている。今日までに出現した数十の文明では、完全に解体する前に、文明全体の覇権闘争において勝利した支配的少数者が「世界国家、universal state」を建設し、「世界国家の平和、［羅］pax ecumenica」を、戦乱にうみ疲れた人々にもたらし、解体を数百年間とどめてきたとされている。この平和によってポレモスは解消できるが、しかしスタシスは解消できない。したがって、プロレタリアートは契機があれば反抗し、世界国家に危機をもたらす。その危機を支配的少数者は武力によって鎮圧し世界国家を立て直す。この危機と立て直しは、「敗走」と「立ち直り」と呼ばれ、それらの時間的経過には三拍子半の律動を観察できるとされている。このように、「世界国家による平和」の本性は現状維持であるので、人々の創造性は抑圧され、生き生きとした文化や芸術は枯渇し、人々に退廃をもたらす。すなわち、トインビー比較文明論では「世界国家による平和」は肯定的に捉えられていない。

以上のような本書の九編に共通する考え方をもとにして、次に、それぞれの章で特徴的と思われる考え方を補足する。

第一章　戦争で傷ついた今日の世界

本章では、一五六二―一六四八年に、西欧キリスト教文明（いわゆる西欧、ないし西洋）において生を受けた約三世代の人々の宗教戦争の苦い経験が、その後二百数十年間、多くの逸脱はあったものの宗教を含む多様な考え方に対する「寛容」を形成させ、維持させたと主張されている。しかし、「信仰に根をもたない寛容は、西欧の人々の心に何らの根拠をもつことができなかった。なぜなら、人間の本性は精神的真空を嫌うからである」と述べられている。この「精神的真空を嫌う」という表現が、前述した「人間の精神には何かを信仰せずにはいられない『部屋』がある」という考え方に該当し、それがギリシア語聖書（新約聖書）からとられたものであることが注釈で示されている。

第一段落は書き下ろし。第二段落から終段まではA・J・トインビー著、下村連ほか訳、一九六九―七二、『歴史の研究』経済往来社（以降、『完訳版』と表記）。第一二巻三四二―八頁からの抜粋。参照に適した歴史地図は『完訳版』第二四巻一〇〇―七頁。

第二章　軍国主義と軍国的徳

今日の大半の日本の読者は、すべての戦争は悪であるという考え方に慣れている。ところが、そのような考え方は世界では少数派――すくなくとも一九五〇年代は――なのである。世界の大多数の人々は、戦争は濫用しなければ許容されうる「制度」とみなしていると述べられ、それはなぜか、という問いが本章の出発点となっている。その答えは、その制度を支えている軍人や兵士が示してきた、あるいは示そうと努力してきた徳――勇気、不屈、忍耐、自己犠牲、規律など――と、一般的な市民における道徳的な徳との共通性に求められている。そして「今日でも数百万の若者達が渇望している」のは、これらの徳とそれを備えた英雄であって、その理由は彼らの精神にある「何かを信仰せずにはいられない部屋を真空にすることは不可能だからなのである」。このような「渇望」は、現代のわれわれの近辺でも見出すことができる。たとえば、おおくの若者の心を鷲摑みにしているヴァーチャルなゲームの世界である。大ヒットしたゲームの大半は、その主人公は戦士であり、若者はその有徳の戦士になりきって次々と襲いかかる悪の戦士と、みずからパネルを操作しながら戦っているのである。

『完訳版』第八巻六二三―三八頁。

第三章　軍国スパルタ

歴史好きの読者にとって、本書のなかでもっとも興味深いのが本章ではないだろうか。というのは、紀元前一〇〇〇年頃から五〇〇年頃までの約一五〇〇年間のスパルタの歴史が、アリストテレスの『政治学』、ヘロドトスの『歴史』、クセノフォンの『アナパシス』、プルタルコスの『対比列伝』、タキトゥスの『年代記』からの引用とともに、一九三〇年代までの考古学上の史料とトインビー自身の現地調査を加えて、物語的に述べられているからである。そこでは、スパルタにおけるさまざまな歴史的事象が、他の文明における事象との類似性に依拠して次々と説明されている。それは、映画やテレビで、瞬間的に画面転換を繰り返すフラッシュバックの手法に類似している。たとえば、スパルタ人と彼らを取り巻く社会的環境との関係は、イヌイットと彼らを取り巻く自然的環境の関係との類似性によって説明されている。このようなフラッシュバックのような論述の進め方こそ『歴史の研究』全体の特徴であって、もし読者が『完訳版』の本章に該当する個所に目を通すならば、さらに多くのそのような論述を見出すことができる。たとえば、先のイヌイットとの類似性につづいて、スパルタ政府当局が当時のオリンピック競技で行われていた競技さえも、軍事教練としては役に立たないという理由で奨励しなかったことが、「今日においてもイギリスのあるパブリックスクールにおいてはクリケットに重きを置いて、ゴルフやテニスを禁止さえしていること」と類似しているとされている。また、「スパルタの少女はスパルタの少年と同じように運動競技の競争で訓練され、男性の観衆の前で、全裸で競技した」ことが、「スパルタ社会の性的自制力が驚くほど発達していたことを示すものである。このことでは、二〇世紀の西欧社会は、スパルタの水準までまだ達していないが、日本人はスパルタの水準に到達し、たぶんこれを凌駕しているであろう」とされている。この日本人に関する論述は、明治前期までは一般的であった男女混浴の公衆浴場を指している。

『完訳版』第五巻七六―一一九頁。歴史地図は『完訳版』第二四巻四五頁。年表はA・J・トインビー、桑原武夫ほか訳、一九七六、『図説歴史の研究』学習研究社（以降、『図説版』と表記）。第三巻一八四―五頁。

第四章　アッシリア、武装した強者

本章の主人公は、新アッシリア王国（または帝国、前九三四年頃―前六一二年）のティグラトピレセル三世（在位前七四四―前七二七年、本書ではティグラート・ピレセル三世と呼称）なのであるが、この王の業績はあまり知られていない。新旧アッシリア王国（前二〇〇〇年頃―前六一二年）は、一般的には古代オリエント世界のなかの一つの帝国として理解されている。しかし、

『歴史の研究』の第一巻では、この地域で形成された文明は、第一代目の文明と規定されている　シュメール・アッカド文明（前三五〇〇年頃―前一七〇〇年頃）と、その後継者としての第二代目以降の諸文明とは厳然と区別されていて、バビロニア文明は第二代目の文明とされている。旧アッシリア帝国はそのバビロニア文明に包摂され、その文明の中の周辺に位置している国家として同定されていた。ところが、そのバビロニア文明は『歴史の研究』第五巻「解体する文明」での検証過程においてシリアック文明などと区別がつかなくなってしまう。しかし、本章ではまだバビロニア文明という概念が前提となっている。この地域の諸文明の区別が困難なのは、地理的にみるとこの地域の過半が平野と丘陵であり、かつ砂漠とステップ地帯に隣接しているため、諸文明が世界国家の過程に入っても、リーメスを長期にわたって維持することが困難だったからであろう。

さらに本章をよりよく理解するために、トインビー比較文明論における文明形態論と時代区分論の一部を述べる。前者は、歴史の「理解可能な研究のフィールド」としては、国民国家という単位は極めて不適切であって、それに代わって文明というより広い空間と時代をもつフィールドを布置するというものである。したがって、文明には都市国家や国民国家などさまざまな形態の国家が包摂されている。さらに、これら諸文明の関係性においては、哲学的等価性が前提となっているから、すべての地域の歴史は西欧キリスト教文明に統合される前段階としての意味しかないというようなヘーゲル的な「単線史観」とは縁がない。

時代区分論は、さらに「諸文明の世代論」と「各文明の時代論」に分けることができる。前者は、今日までに出現した数十の文明を三つの世代というカテゴリーに分けるというものである。第一世代の諸文明は、さらに原始社会から他の文明の影響なしで直接形成された三つの文明、すなわちシュメール・アッカド文明、メソ・アメリカ文明、アンデス文明が「元文明」とされ、エジプト文明など他の文明と区別されている。つまり、アジア・アフリカ大陸の第一代目の諸文明はすべてシュメール・アッカド文明の刺激伝播によって各地で形成されたという考古学上の学説を採用している。このことは、アジア・アフリカ大陸で形成された諸文明は、それぞれの独自性の程度に差異はあっても、すでに第一世代の文明においてさえも厳密には「理解可能な研究のフィールド」ではないことを意味している。いわんや第二世代と第三世代の文明には、すくなくともその文明が進歩している過程ではリーメンはあってもリーメスはなく、アジア・アフリカ大陸は徐々に一体になっていたとみなすべきなのであろう。

次の「各文明の時代論」においては、今日まであらわれた諸文明の過程を、進歩、動乱（time of troubles）、世界国家の三つの時代に分け、それぞれの時代の始まりに、形成（誕生）、挫折、解体の三つの契機が布置されている。挫折し、動乱時代に入った文明にはリーメスが形成され、その外部には外的プロレタリアートが形成される。外的プロレタリアートの社会とそれに属する人々の精神は、隣接する文明に対するミメーシスと反抗的な精神のあいだでたえず動揺する。その不安定さが文明に対する暴力的な攻撃として発現するとされている。

そのような外的プロレタリアートからの攻撃から文明を防衛するのが、文明の周辺に位置する国家の役割とされているのである。その一つの例が、バビロニアの北辺に位置してアラム人などの外的プロレタリアートの攻撃からバビロニアを防衛していた旧アッシリア帝国だったとされている。新アッシリア帝国を再建したティグラトピレセル三世は、その軍事力をバビロニアの中心に向けた。そのあとどのような歴史的な事象が形成されたかが、本章の主題といえよう。

『完訳版』第八巻三五二―七八頁。歴史地図は、フランク王国は『完訳版』第二四巻六二頁、チムール朝は七八一―九頁。年表はチムール朝のみ『図説版』第三巻一八一頁。「文明の世代」は『完訳版』第二四巻「歴史地図」一〇―一頁。

第五章　ニネヴェの重荷――シャルマーニュとティムール・レンク

前章に引き続き本章も、動乱時代の文明のなかの周辺に位置する国家についての議論であるが、ここではその国家の支配的少数者の性格の変貌に焦点があてられ、二人の人物が例としてあげられている。一人は西欧キリスト教文明形成の契機となったフランク王国（四八一―八四三年）のカール大帝（在位七六八―八一四年、本文ではシャルマーニュと表記）である。彼はゲルマン諸民族やランゴバルト王国などの外的プロレタリアートに対する征服事業を中断し、ローマ教会の要請によってアルプス以南に介入し、軍国主義者に変貌したのである。二人目は、イラン文明（あるいは、シリアック文明の後継文明）とインド文明の北辺に形成されたチムール朝（一三七〇―一五〇七年）のチムール（在位一三七〇―一四〇五年）である。そこではチムールの生涯が中央アジア史のなかで物語風に語られている。チムールは、その統治の前半では、故郷をモンゴルの桎梏から解放した英雄だったとされ、かつまたイラン文明に対するウイグル族など外的プロレタリアートからの攻撃に対する擁護者であったとされている。ところが、その後半では、残虐な支配者へと変貌する。つまり、チムールの精神が軍国主義に取憑かれていく過程として描かれている。

なお、チムール朝の所在した地域は、本章ではトランスオクサニアと呼称されているが、現代の中央アジア史では、イスラム化された時代以降の同地域はマー・ワラー・アンナプルというアラビア語が用いられている。

『完訳版』第八巻三七八―八四頁。歴史地図は、『完訳版』第一四巻四二―四頁。年表は『図説版』第三巻一八五頁。なお、同年表タイトルは「ヘレニック文明」が正（「ギリシア文明」は誤り）。

第六章　勝利の陶酔

文明が挫折する原因を外的な環境ではなくて、内的な人間の精神に求めるトインビー比較文明論では、現生人類には、時空を超えた普遍的な心的状態が存するという前提にたっている。そして挫折という契機における心的状態の変化は、前述した自己決定力の喪失である。その自己決定力の喪失の様式は二つのカテゴリーに分類され、一つは「オールを休める様式」、もう一つは

「オールを休めない様式」と呼ばれている。前者はさらに三つの様式、すなわち「僂き（あるいは、カゲロウのような）自我の偶像化」、「僂き制度の偶像化」、「僂き技術の偶像化」に分けられている。後者は、三つの段階を経るとされている。すなわち、ギリシア悲劇に起源を持つ術語を使って「コロス（飽食）」・「ヒューブリス（傲慢）」・「アテー（破滅）」という過程として表現されている。

本文では、勝利を得て、軍国主義に取憑かれた支配的少数者が陥る後者について議論されている。すなわち、ヘレニック文明の世界国家であるローマにおいては、その覇権戦争で自らも大きな犠牲を払った勝利に酔って、支配的少数者はコロスに取憑かれ、その勝利の後の平和時には道徳的退廃というヒューブリスに取憑かれたことが論証されている。

『完訳版』第八巻四一〇―一二頁。

第七章　ゴリアテとダヴィデ

ヘブライ語聖書（旧約聖書）のゴリアテとダヴィデの説話は、本章では、武器の技術的な進歩と、それを扱う人間の精神的な循環の象徴となっている。すなわち、ゴリアテは攻撃も防御も重装備の、ダヴィデは両方とも軽装備のそれぞれの武具の象徴である。そして、この二人の個人的な徒歩による戦いを出発点として、その後の戦争史を四つの要素の組み合わせとして描いている。すなわち、徒歩による個人と個人、徒歩による集団と集団、騎馬による個人と個人、騎馬による集団と集団という二つの要素の順列組み合わせに、さらに重装備の武具と軽装備の武具の三つ目の要素を組み合わせたうえで、さらに四つ目に、集団における規律と臨機応変さという精神的な要素を加えている。

軍隊の規律への絶対的な服従は集団の硬直化を招く。そのような軍隊は、地形や戦機の状況に応じて個人の判断で臨機応変に展開できるように訓練された集団には敗北する。このような硬直化した精神と自由な精神とのあいだの循環が、戦争史においては観察される、ということを、本章では「哲学的真理」と言い表わされているのである。

一六五―七二頁は、『完訳版』第八巻二九四―三〇〇頁。一七二―七九頁は、『完訳版』同巻三〇二―一三頁。一八〇―八八頁は、『完訳版』同巻三一六―四七頁の抜粋。

第八章　軍事技術の進歩の代償

前章からさらに踏み込んで、本章では軍事技術は、その発明者によって、彼が属する文明が挫折し解体へ向かっている時代においても進歩させられてきたことが論証されている。それはまさに現代を生きるわれわれの課題でもある。われわれは、時代の最先端をいく技術の多くが軍事用に開発されたものであることを知っている。たとえば、コンピューターもインターネットも、それらを支える集積回路も、あるいは、巨大なジェット旅客機も、そしていうまでもなく原子力発電も、すべて巨額の軍事目的の開発予算に支えられた、科学者と技術者の情熱の賜物である。なるほどそれら技術的成果は平和目的へ流用されてはいるが、その出自が軍事技術であることをわれわれは忘れることはできない。このような問題意識をもつ読者のために、トインビー比較文明論における「現代」は、どのように捉えられているかを説明しておく。

トインビー比較文明論によれば、いわゆる「大航海時代」以降のこの約四〇〇年間は「大社会の時代」と呼ばれ、その時代と現代と未来を含めて「生物圏の時代」と呼ばれている。これは、地質学の術語の「生物圏」を借用したものである。その時代にあっては、科学技術の進歩によってもたらされた環境汚染や大量破壊兵器が、人類のみならず生物全体を包む「わずか数キロの厚さの大気のなかでしか生存し得ない生物全体」を破壊することを可能にした、とされている。

その生物圏の時代の前半で生じたような西欧キリスト教文明と他の文明との邂逅は「同時代における文明の邂逅」と呼ばれている。そして、生物圏の時代に限らず、異なった文明と文明の邂逅における関係性は、化学の領域で使われている「作用者（agents）」と「反作用者（reagents）」という動的な概念で分析されている。その結果、作用者と反作用者の関係は決して一方通行ではないと結論づけられている。つまり、軍事的に優位性をもつ文明が、軍事的に劣位な文明を征服しても、劣位の文明の内的プロレタリアートは、宗教や言語などさまざまな文化によって優位な文明の内的プロレタリアートをとりこにしてきたことが論証されている。

すなわち、生物圏の時代の前半では西欧キリスト教文明が作用者である。そして同時代の十近い文明社会と数千の未開社会は反作用者である。しかし、現代のわれわれが生きているその後半の時代は、反作用者が優勢になっていくとされているのである。

一八九―九〇頁は『完訳版』第五巻二二三頁。一九〇―二〇三頁は『完訳版』同巻二三五―四六頁。年表は、ギリシア正教文明は『完訳版』第二五巻四二―四頁。

第九章　剣をもつ救世主の失敗

解体へと向かう文明、すなわち動乱時代と世界国家時代の過程にある文明においても、創造性を発揮する機会に恵まれた少数者があらわれることがある。彼らは、自身が属する文明が何から挑戦されているかの認識によって前述した二つのカテゴリーに分類されている。一つは挑戦を社会の混乱とか退廃というような社会的環境に求めるもの。もう一つは人間の精神という内面の領域に求めるものである。前者による応戦は社会的・政治的・文化的な革命であり、後者による応戦は自身も含めた精神的な革命である。前者の担い手の出自はそのほとんどが支配的少数者であるので、その本性である抑圧性によって内的プロレタリアートを、説得ではなくて権力（あるいは暴力装置）によって改革へと率いていく。そしてその改革の担い手は、さらにその抑圧性の度合いに応じて、（一）「剣を持った救世主」と（二）「哲学者の仮面をかぶった救世主」という二つのカテゴリーに分けられている。

応戦を精神的な革命に求めるものも、二つのカテゴリーに分けられている。現実社会から引退して現実社会に復帰して人々を救済しないで自身の救済だけで終わるものと、いったんは引退するが現実社会に復帰して人々の救済に向かうものである。前者は（三）「超脱」、後者は（四）「変貌」と呼ばれている。前者の出自は支配的少数者が多く、後者の出自は内的プロレタリアートであったとされている。

本章で論じられているのは、これら四つの創造性を発揮した少数者のうちの（一）の社会革命を目指したものである。社会革命を目指す救世主は、その出自の支配的少数者の本性上、彼自身が望むと望まざるとにかかわらず、仲間内の支配的少数者に対しても、内的プロレタリアートに対しても、彼自身か、あるいは彼の一世代あとの後継者か、あるいは二世代あとの後継者が暴力をふるうことになったことが論証されている。そしていうまでもなく、その暴力性によって、社会はさらに混乱し、内的プロレタリアートの精神はさらに不安定となる。つまり社会的な革命の、そもそもの目標すら達成できない。

「理解可能な研究のフィールド」の時間の単位を千数百年におくトインビー比較文明論においては、わずか三世代、つまり約九十年の時間の経過にも耐え得ないで、ふたたび社会を混乱に陥れるような社会革命は「失敗」という結論になるのである。

二〇五—六頁は、『完訳版』第一二巻一三四—五頁。二〇七—三八頁は、『完訳版』同巻一三五—八九頁の一部を省略した抜粋。

（さいぐさ・もりたか／博士〈比較文明学〉）

戦争と文明

訳者序

この本は、トインビー『戦争と文明』Arnold J. Toynbee : War and Civilization, 1951. の全訳である。トインビーの主著『歴史の研究』のなかから、とくに戦争にかんする部分をA・V・ファウラー氏 Albert Vann Fowler があつめたもので、ソマーヴェルの縮冊版と重複しないように配慮してある。縮冊版では全貌はわかるが、細部は臭いをかぐ程度が多く、もどかしさがつきまとう。この本では、むろん、トインビーの全貌はわからないが、はしょりがないから、全文が生のまま辿れ、その細部の微妙さが伝わってくる。

しかし、トインビーが序文で断わっているように、この本は、戦争について書こうとしてできたものではない。そのつもりなら、もちろん、もっと違った、もっと体系的なものになっただろう。この本の主要な部分は、文明の「挫折」をあつかった『歴史の研究』の第四巻のなかの「軍国主義の自殺性」と題する一章である。ここでのトインビーの主眼点は、文明の「挫折」であって、戦争ではなかった。ところが、文明がなぜ「挫折」するかという問題を解明しようとすれば、どうしても挫折の原因の一つがミリタリズムだということを究明していかなければならなかった（挫折の原因としては、そのほかに、四つ五つの事項をあげている）。だから、ここであつかわれているのは、挫折論の範囲内での戦争論、あるいは挫折の原因の一つとしてのミリタリズム論である。そういう戦争の文明論的考察である。つまり、文明論が「挫折」をあつかえば、その各論として戦争論またはミリタリズム論におよばざるをえないというところに、トインビーの文明論の普遍的な適用性がみられる。この本で、繰りかえし出てくる命題は、ミリタリズムの自殺性ということである。かつてそうであったように、現代がそれをもっとも大規模に証明しているようにおもわれる。『歴史の研究』で現代的関心にもっとも触れてくるものの一つは、ミリタリズムの問題ではなかろうか。

第三章までを山本が、以下を山口が担当し、全体にわたって、山本が検討し、訳語、文体をできるだけ統一した。ただし、第四章以下は当用漢字だけの使用になっている。なお、第三章は、堤彪君に手伝ってもらったし、第四章以下は、増田英夫君に目を通していただいた。両氏に厚く感謝する。

注は本文中に〔 〕で挿入し、最小限にとどめた。また、理解を助けるために、訳者が補った部分も〔 〕でしめした。

『歴史の研究』の原文をさぐられる読者のために、各章の出典を示すと、第一章は vi. 314—21・第二章は iv. 640—50・第三章は iii. 50—78・第四章は iv. 466—84・第五章は iv. 485—504・第六章は iv. 505—12・第七章は iv. 431—65, iv. 464—5・第八章は iii. 150, 160—8・第九章は vi.

178―206である。これらの多くは第二次大戦の直前に書かれたものである（第三巻は一九三四年刊、第四―六巻は一九三九年刊）。

一九五九年八月二〇日

訳　者

著者序

この小巻の内容は、アルバート・ファウラー氏が著者と謀って、『歴史の研究』の最初の、かなり分厚い六巻から抜萃したものである。この著作は、残りが出版されれば、いますこし大きくなり、おそらく九巻を数えるであろう。抜萃の目的は、『歴史の研究』の著者が戦争にかんしてどうしてもいいたかったことをしめすところにある。そして、この共通の主題によって抜萃の統一は保たれている。この小冊子の読者が心にとめていただきたいことは、これらの行文をもとの文脈で読んでいるのではない、ということであり、抜萃された、もとの著作の主要テーマは、戦争ではない、ということである。とはいえ、不幸にして、五、六千年のむかし、文明として知られている類いの社会があらわれてこの方の人類の歴史を研究していると、戦争という制度が、〔歴史という〕この悲劇的な主題の中心の近くにあるということを発見せずにはおられなかった。

諸文明の挫折を研究しているうちに、著者は本当につぎのような結論に達した（すこしも新発見ではない）。つまり、戦争というものは、文明が挫折したと確認されるどの場合にも、その挫折の近因であったということがわかった。もっとも、これらの挫折の本性を分析することができ、その発生を証明することができていなくては、挫折を確認することはできない。人類が文明期のあいだにみずからを苦しめてきた制度には、戦争のほかに、別の邪悪なものがいくつかあった。奴隷制は、これらのみずから科した罰の一つであり、われわれの心にすぐ浮かぶものである。しかし、奴隷制、カスト制〔階級制度〕、階級闘争、経済的不義、その他多くの、原罪の報いをしめす社会的な徴候が、人間の自虐の手段として猛威をふるったとしても、人間が見通しをつけてみることができるようになりはじめた人間歴史の一時期において、人間の社会的な、また精神的な自己敗北の主たる動力はなにかといえば、他のものを措いても、まず戦争をあげなくてはならない。

わかっているかぎりの諸文明の挫折を比較調査してみると、社会的な挫折は、戦争という制度を鍵とする一幕ではじまる一つの劇である、ということがはっきりする。戦争は、事実、文明の子であったのではないか。というのは、戦争がやれるのは、ただ生きてゆくのに必要な以上の、技術や組織や富の余剰がほんの少しでもなくてはならないからだし、また未開人はこれらの資を欠いているからである。また、他方では、われわれの知っているどの文明の歴史においても、われわれがその歴史を遡りうるもっとも初期の段階に、すでに戦争は、既成の、有力な制度であったからである（マヤ文明について、今日までのところ、われわれの知識が断片的であるので、これはもしかしたら例外であるかもしれない）。

他の悪と同じように、戦争は、いよいよの時までは、我慢できるようにおもわせる抜け道をそなえている。しかし、ついには、戦争常用者の生命をつよく締めつけ、その致命的なことがあきらかとなったときは、もう常用者はその鷲づかみから逃れる力がなくなっている。文明が成長している初期の段階では、戦争による損害や破壊の出費よりも、富や権力や「軍事的な徳」の涵養などからうる利潤の方が上廻るようにおもわれる。そして、歴史のこの段階では、国家は、敗けた方ですらなにか無事であったかのように、たがいに戦争にふけっておられることがしばしばある。戦争がその悪性をあらわしはじめるのは、戦争を製造する社会が、物理的な自然を開発する経済的能力を増しはじめ、「人的力」を組織化する政治的能力を増しはじめた頃である。しかし、このことが起こるとすぐ、成長していた社会がずっと以前からその身を捧げてきた戦争の神は、みずからモロク〔小児の牲えを要求するカナンの神〕となり、生活と幸福からますます多くの部分をめしあげるようになり、増し加わる人間の産業と知性の果実の分け前をますます多く貪りくうにいたる。そして社会の成長が、能率の点でかなりのところに達し、軍事用にそのエネルギーと資源の致命的な量を動かしうるようになったとき、戦争は、その犠牲者が自分で切りとり、ほうりだすことができなければ、かれを死にいたらしめるにちがいない癌だ、ということがはっきりあらわれる。なぜ切りとることが必要かというと、戦争という悪質の組織体は、それを養っている健康な組織体よりもはやく成長するようにもうなっているからである。

かつて戦争と文明との関係の歴史で、このような危険地点に達し、それを認めたとき、社会を救うために、戦争から頃よく脱しようとしばしば真剣な努力がおこなわれた。そして、これらの努力は、二者択一の二方向のどちらかをとるものであった。救いが求められる場所は、もちろん、個々の人間の良心のはたらき以外のところではありえない。だが、個人は、私人としての直接的な行為によってその目標を達成しようとするか、それとも国家の市民として間接的な行為によってその目標を達成しようとするか、どちらかを選びとる。意図や事情のいかんをとわず、自分の国がしでかした戦争のどれにも、少しでも協力することを、個人的に拒否するのは、戦争という制度にたいする攻撃の一方法で、熱烈な、自己犠牲的な心に訴えるようにおもわれる。これに比べると、いま一つの平和の戦略は、侵略がおこったとき、侵略に政府が一緒に抵抗するように、そして、侵略の刺激をあらかじめとりのぞくべく一緒につとめるように、政府を説得し、なれさせるものであるから、問題解決の迂遠な、非英雄的な方法とおもわれるかもしれない。しかし、今日までの経験のしめすところは、現著者の意見によれば、これら二つの困難な道のうち、後者がはるかに有望であるということである。

平和主義の戦略の途上に難関がよこたわっていることは、非常に明らかである。というのは、平和主義者がつぎのことに直面せざるをえないと見通せるからである。つまり、平和主義者の行為が有効を証明しうるかぎりでの、その最初の効果は、平和主義がいくらか強い政治的勢力であるような国家を、平和主義が無力であるような国家の意のままにさせるということであり、また、このことは、つまりは、もっとも暗愚な軍国主義的な強国のもっとも無法な政府をば、物語の第一章で世界の支配者たらしめることである。この見通しに直面して、その直接の帰結にしたがうには、積極的な先見の明が必要であり、聖者がしめしてきた受身の英雄主義が必要である。しかし、一般大衆はこれをしめさなかった。人民は、もちろん、自分とくらべると、野性的で野蛮な征服者に圧迫される苦しみと悲しさに、大衆としてはしばしば屈してきた。一九四〇年、世界は、ナチスによって統制され、ヒットラーの悪魔的な精神をふきこまれたドイツの支配にすんでのところで屈服するところにきていた。しかし、つぎのような真理を自覚するためには、われわれは、「有和」の数年間のフランスと大英帝国に、その後ヴィーシー時代のフランスに優勢であった気分をおもいおこしさえすればよい。その真理とは、軍事的侵略に自己防禦の武力をとって抵抗することにたいして、大衆拒否をおこさせた動機のなかに、戦争の罪を犯す聖者の非利己的な嫌悪の念もふくまれていたが、それが、どちらかといえば、戦争の強いる血と涙のおそろしい代償を支払わねばならないことにたいする普通人の自然な嫌悪の念よりもずっとすくなかった、ということである。

この代価を支払う用意が、いわゆる「軍事的な徳」の根である。それなしに戦争はおこないえない。しかし、この戦争という悪い制度が、文明の段階に達した社会のなかの大多数の人類の世論と感情では、最近までそうであったように、大目にみられてきたのは、たしかにけっして軍事的な徳のためではない。軍事的な徳というこの伝統的な用語は、もちろん、誤解をまねきやすい。というのは、戦争でしめされるすべての徳は、また他のかたちの人間の出会いや交渉にも無制限にあてはまるものであり、他方、兵士がこれらの徳をしめした場合、それは、不幸にして、残酷とか強奪とかもっとひどいたくさんの悪徳と同時に一緒くたにしめされることがしばしばだからである。暴力をもちいる戦士と、暴力をさける聖者との徳の競争なら、今日聖者は道徳的な勝利をうるだろうし、それは明日の実際の実を結ぶであろう。しかし、あいにく、平和主義対戦争の劇に出てくる主要人物は、正義という同じ甲冑をともにつけた戦士と聖者とではない。主要人物は、（有徳であれ、悪徳であれ）生命と身体を賭ける勇気のある戦士と、労苦や危険に尻ごみする普通のひととである。そして、われわれが一九三九年と一九四〇年にみずから見いだしたように、非英雄的な人物が戦争で縮みあがったのは、人間本性に共通する柔弱さからであって、罪を犯す嫌悪からではなかった。かれは聖者の高さにはとても達しえないことを知っていたとしても、ともかく、戦士の水準に登ろうと大いにつとめた。

一九一四―一八年と一九三九―四五年の世界戦争で、戦士の水準へのぼることによって、非侵略的な人民は、戦争の主要な徳を発揮したので、軍国主義帝国のひさしく準備した世界征服の企図をば二度うちまかすという好結果をもたらした。血と涙のおそろしい代償において、これらのあいつぐ勝利をうることによって、非侵略的な人民は、世界征服者が暴力で課する世界平和に屈服するよりもよい方法で、戦争から脱却する機会をわれわれの社会に二度もたらした。これら二回の機会の最初のは失われた。そして第二次大戦は、心と頭のこのはなはだしい過ちのためにわれわれの受けた刑罰である。第二の機会は今日われわれの手中にある。われわれはそれを活用しようとしているのか。状況があきらかに要求していることは、世界の平和を愛好する人民が自発的に連盟をつくり、この集団保障の条約を拒否し、またそれを破るどの人民によっても、攻撃されないだけの十分な力と団結をもつことである。そして、この平和を維持する世界権力は、これにたいする攻撃を絶望的とするにたるだけ、力において優勢でなくてはならない。そればかりでなく、また、その権威に挑戦しようとする変な野望の誘発をさけうるにたるだけ、その権力の行使にあたって、正しくまた賢明でなくてはならない。

この仕事は、たとえ巨大だとしても、われわれの能力を超えたものではない。かつて自発的に協力して独立主権の国家を統一させるにいたった人類の過去の成功は、今われわれに要求されている政治的建設の大事業を達成する経験と技術がわれわれにあることの保証である。われわれは意志をもてば、能力はあるのだ。われわれの運命はわれわれ自身の手中にある。

一九五〇年六月

ロンドンにて

アーノルド・J・トインビー

第一章　戦争で傷ついた今日の世界

　われわれの祖先とちがって、われわれの世代のものは、心の底から、いま世界の平和〔*Pax Oecumenica*〕が緊急の必要だと感じている。もしこの必要に応ずる問題があまりながく未解決のまま放置されるなら、破局がわれわれに襲いかかりはしないかと恐れて、恐怖のうちに日々をすごしている。われわれの前方にいまさしているこの恐怖の影は、われわれを催眠術にかけ、精神的麻痺におとしいれ、それが、われわれの日常生活の些細な仕事〔*avocations*〕にすら影響しはじめている、といっても誇張ではなかろう。そして、われわれが勇を振るって、この恐怖に面とむかってみたところで、この恐怖がたんなる恐慌病だと片づけ、満足して放念しうるというものではないであろう。この恐怖の刺が、合理的な根から生じているということは、否定しえない事実だからである。

　われわれはすぐ先の未来のことをひどく恐れている。というのは、すぐ前の過去でおそろしい経験をしてきたからである。そして、この経験がわれわれのこころに刻みつけた教訓は、本当にぞっとさせるものである。われわれの世代のものは、苦しみを通して、二つの胸にこたえる真理を会得した。第一の真理は、戦争という制度がわれわれ西洋社会〔*our western society* 西欧社会〕でまだぴんぴんしている、ということである。第二の真理は、現存の技術的な、また社会的な条件のもとにある西洋世界では、共倒れでないような戦いはありえない、ということである。一九一四—一八年と一九三九—四五年の二つの世界大戦をわれわれは経験したため、これらの真理が胸にこたえるようになった。しかし、これらの戦争についてもっとも不吉なことは、それらが孤立した、あるいは先例のない災いではない、ということである。これらは、一つながりの二つの戦争である。そして、われわれがつながり全体を共観的にみるなら、これが一つながりであるだけでなく、一つの前進であることをわれわれは発見する。われわれ西洋の最近の歴史にあっては、戦争がおこるたびに、だんだんその強さが増している。今日もうあきらかなことは、一九三九—四五年の戦争が、このだんだん強くなる運動の絶頂ではない、ということである。このつながりがつづいてゆけば、前進は、ますます強くなってゆくのは必定で、ついに、戦争の恐ろしさを強めてゆくこの過程は、ある日、戦争をつくりだす社会が自滅するにいたって、ようやくおわるにちがいない。

一九三九—四五年の戦争はもっとも最近のものではあるが、最後のものではない。第二次大戦をふくむ西洋の戦争のこの前進的なつながりは、われわれがすでに他の文脈で研究してきた一つの物語の二つの章の第二章であることを、いまおもいおこしてみてもよい〔『歴史の研究』原典第四巻一四一—一八五頁〕。いわゆる「近代」における西洋の戦いの歴史を、二つのつづき物に分析することができるとわれわれは考察した。二つは、中にはさまる中休みによってたがいに時代的に分離されるし、また、敵意の対象（あるいはともかくその言い分）がちがうから、質的にもたがいに区別される。第一のつづき物は、宗教戦争からなり、十六世紀にはじまり、十七世紀におわった。第二のつづき物は、国民戦争からなり、十八世紀にはじまり、いまだ二十世紀の悩みの種である。これらの残忍な宗教戦争と国民戦争とは、おだやかな戦争という幕間で分離されている。これは「王たちの遊び」として戦わされたものである。この幕間のはじまりは、大陸では一六四八年の三十年戦争が終ってからであり、大英帝国では一六六〇年のイングランドの王政復古のあとである。この中休みが、一七七五―八三年のアメリカ革命戦争のあとまでつづいていたかどうかに議論の余地をのこしておくとしても、一七九二年のフランス革命戦争の勃発でおわったことは、同じようにあきらかである。もっとこまかく計算し、もし、ザルツブルクのカトリック教会領から一七三一―二年にプロテスタントの少数派が追放されたのを、西欧における宗教迫害の最後の確実な幕と解することができ、一七七五年にフランス住民がアケイディアから追放されたのを、北アメリカにおける国籍上の迫害の最初の、確実な幕と解することができれば、われわれは、十八世紀的中庸という「黄金時代」の時間の全長を一七三二年と一七五五年との日付けのあいだにかぎってもよかろう。どの場合でも、幕間はあきらかである。そして、年代の境界をきめたがる慣習にしたがって、どのような日付けをえらびとるにせよ、いずれの場合も、劇は、〔発作・中休み・発作という〕同じ順序で同じ三幕となるだろうし、三幕の順序は〔挫折の進行という〕同じ筋書きをしめすだろう。いまのわれわれの意図にとって興味のある様相は、この底にある筋書きであって、表面的な時間表ではない。そして、二つづりの残忍な戦いとそれらのあいだにはさまるおだやかな戦いの中休みとからなる、これらの三幕物の劇の筋書きのなかに、休息によって距てられた一対の発作の型がみわけられるであろうか。その型がみわけられるなら、挫折の結果おこる「混乱時代［*Time of Troubles*《動乱時代》］」の品質証明をそこにみとめることができる。われわれが、この光に照らして、われわれ西洋世界の近代史のしめす光景を精査すると、とにかくぴったり型にはまるのを、われわれは発見するだろう。

もし十六世紀の宗教戦争の勃発を社会的挫折の徴候と解することができれば、それ以来解体していた西洋社会の最初の立直りを、宗教的寛容に同ずる運動にみることができる。この運動は優勢となり、宗教戦争を十七世紀のうちにおわらせた。宗教面における寛容の原理の勝利は、当然、つづく数世代のあいだ中庸の中休みをもたらした。この中休みによって、第一、第二の発作の激発のあいだに、有難い休息が病める西洋世界にあたえられた。そこで、この救いが一時的なもので、恒久的なものでないことを観察できれば、また、その理由をたずねていければ、うまい工合なのである。というのは、解体過程のリズムを経験的に研究したため、立直りがくずれて再発へいたるだろうと、われわれは期待するようになっているからである。また、この単調な、失敗の繰り返しの物語は、どの場合にも、立直りを不成功におわらせるある特殊な弱さから説明することができるだろうと期待するようになっているからである。これらの期待は、西洋の事例でうまく満たされるであろうか。われわれは、この事例でもまた、立直りに失敗した原因は、立直りの事実がはっきりしているように、あきらかである、と答えなくてはならない。われわれ西洋近代の寛容の原理は、救いをもたらすのに失敗した。そのわけは、とりわけ、そのなかに少しも健康さがなかったからである（そうわれわれは告白しなくてはならない）。寛容の観念をうんだ精神は、幻滅であり、物わかりであり、犬儒主義であって、信仰でも、希望でも、また愛でもなかった。その推進力は、消極的であって、積極的ではなかった。種がまかれた土は不毛であった。

ほかの種は、土の薄い石地に落ちた。そこは土が深くないので、すぐ芽を出したが、日が上ると焼けて、根がないため枯れてしまった。

〔マタイによる福音書第一二章第五―六節〕

宗教的狂信というおそろしい日が自分自身を焼き、塵と灰になったとき、急に青々と芽を出した寛容の原理が、われわれ西洋近代のキリスト教の石地のような心情を、意外にもつつんだが、この寛容の原理も、やはり急に、やはり意外に枯れた。というのは、国民的狂信というよりおそろしい日が、天空を通して燃えあがったからである。二十世紀になって、われわれは、われわれの十七世紀の寛容が、〔ナショナリズムという〕横柄な魔神の猛襲に抗することができなくなって、これに無条件降伏したのに気づいている。そして、この不運な無力の原因は、あきらかである。

信仰に根をもたない寛容は、西洋人〔*Homo Occidentalis* 西欧人〕のこころにどんな拠点をも保つことができなかった。なぜなら、人間の本性は精神的真空を嫌うからである。悪霊が出ていった家が、からで、掃ききよめられ、飾られているなら、一時消えた悪霊は、それよりもっと悪い霊をひきつれて、早晩ふたたび入ってくるだろう。そうすると、その人の状態は、今度は、前よりも悪くなるだろう〔マタイによる福音書第一二章第四三—五節〕。ナショナリズムの戦争は宗教戦争よりも邪悪である。なぜなら、敵意の対象(または言い分)に崇高さがよりすくなく、精神性がより稀薄だからである。飢えた魂がパンを乞うたのに、石をあたえられた場合、路上にあった一片の腐肉を貪りくってでも飢えを癒そうとするが、これをはばむことができない、というのが〔この際の〕教訓である。石をくれた者が、天の送った腐肉には毒があるといくら警告しても、飢えた魂は、思い直してみないであろう。当然、はげしい苦悶が、あわれな腐肉常食者の内臓をこわしはじめたときでも、かれらは、旺盛な食欲で汚れた肉の御馳走を、死がその貪欲の息の根をとめるまで、あくまで楽しみつづけるであろう。それは丁度つぎの事例に似ている。かつてシチリア島で、アテネの敗軍が、水気のないところを行軍していたとき、休み場所を求めたが、みつからなかったので、渇きで気が違い、アシナルス河の水を軽率にも飲んだ。ところが、敵が岸からかれらを射落とし、すでに射殺された仲間の血で、流れが赤黒くなって流れた。死ぬことがわかっていて、なお、かれらは飲んでいた。

われわれ西洋の近代史が、解体する社会の「混乱時代」の型に合致する、今一つの点がある。そして、このことが、いくつかの一致点のすべてのうち、もっとも警戒すべきものである。われわれの調査がしめすところによれば、中にはさまる中休みにつづいておこる発作は、概して、一つまえの発作よりも、いっそう猛烈である。そして国民戦争をわれわれの発作の第二の爆発と解し、宗教戦争を第一の爆発と解することができれば、この法則は、われわれ西洋の事例で、たしかに例証される。

　西洋の残忍な戦争のはじめの一循環〔宗教戦争〕をたたかったわが祖先は、暴行をはたらこうとする意志で、〔国民戦争に〕遅れをとったわけではなかろうが、（かれらにも、またかれらの子孫にも幸いなことには）かれらは、われわれがいまもっている、意のままになる手段を欠いていた。われわれがもっているこの手段は、われわれにも、われわれの子孫にも不幸なことである。むろん、われわれ西洋のキリスト教世界がまだ問題なく成長していた昔の時代の戦争にくらべると、宗教戦争は、恨みの点でも、資源を自由にし、資源を利用して技術的能力をふるう点でも、ずっと悪くなっている。宗教戦争のまえに、火薬の発明や航海の発見があり、この発見は、西洋社会の勢力範囲を、ユーラシア大陸の狭い一角から地表の航行しうるすべての海の背後地にまで拡げた。発見、征服、スペインの征服者による中央アメリカ世界やアンデス世界の強奪ののち、テノチティトランやクスコの宮殿に蓄えられてきた地金は、ヨーロッパの戦場で宗教戦争をたたかう傭兵に支払うために、結局費された。これは、つぎの事例にそっくりである。アレクサンドロスの手柄によって、ギリシア世界がそれだけ地理的に拡がったのち、アケメネス帝国の政策によってエクバタナとスーサに山と積まれた財貨が、ギリシアの戦場でアレクサンドロスの後継者や子孫の戦争〔イプススの戦い〕をたたかった傭兵の手にわたっていった。ところで、十六、七世紀の西洋世界で、西洋諸侯から急におそろしくふくれあがった金銀の供給をうけて養われていた職業軍隊は、アルプスの北側の西欧の古い封建的軍隊よりも、数が多くなったばかりではない。それはまた、一段と強く武装され、おまけに悪いことにも、敵にたいしていっそう残忍な怒りをもった。というのは、敵は、大体、軍事的な相手であるばかりでなく、相手方の眼には宗教的な異端者と映じたからである。聖ルイ〔九世〕や〔神聖ローマ〕皇帝フリードリヒ二世が生きかえって、十六、七世紀の西洋の戦いを目撃しえたなら、これらのいくつかの原因が結びあわさったためひどくなった、宗教戦争のやみつきの、先例のない暴力には、疑いもなく、二人ともショックをうけたであろう。しかし、今度はアルヴァ侯とグスタフ＝アドルフが生きかえって、その後の国民戦争を目撃しえたなら、二人とも同じくらいショックをうけただろうと、われわれは、また自信をもって想定してもよい。十八世紀にはじまり、二十世紀にまだやまっていない残忍な西洋の戦争の、この後の方の一循環は、デモクラシーと産業主義という二つの巨人的な推進力によって、先例のない残忍さへもりあがってきた。デモクラシーと産業主義とが西洋世界の戦争制度のなかに入りこんできたのは、西洋が地表の全面と現世代の全人類とを西洋自身の社会全体のなかに編入するという途方もない芸当を精力的にやりおおせたときであった。それは比較的最近のことである。われわれの後の状態は、前よりも悪くなった。というのは、かつて悪魔が十六、七世紀のわれわれの祖先を苦しめた以上に、今日われわれは、この尨大にひろがった家のなかで、悪魔〔ナショナリズム〕にひどくとりつかれているからである。

これらの悪魔は、われわれを自殺にかりたててしまうまで、われわれのからっぽの、掃ききよめられ、飾られた家に住むことになっているのだろうか。われわれ西洋文明の近代史と他の文明の「混乱時代」との類比を年代の点におよぼしてゆくと、西洋の「混乱時代」が十六世紀のあるときはじまったと思えるから、それが終わるのは二十世紀のある時だと期待してよい。この見通しは、われわれをふるえ上らせるにたるものである。なぜなら、他の事例では、「混乱時代」を終わらせ、世界国家を告げる大団円は、われとわが身に加える「ノック・アウトの打撃」であったし、自分を傷つけた社会は、この打撃から二度と回復しえなかったからである。われわれもまた、この致命的な代価で、われわれの世界平和〔*Pax Oecumenica*〕を買わなければならないのであろうか。この問いには、われわれの口からは答えられないものである。というのは、生きている文明の運命が生きているその成員にどうしても曖昧なのは、丁度、死んだ文明の運命が、学者にとって、もし解読しえない筆跡や物いわぬ作物しか手がかりにならぬとすれば、曖昧であるのと同じだからである。われわれの悲運が間近だと、われわれは断言することはできない。しかし、だからといって、そうでないと仮定してよいわけはない。なぜなら、それは、われわれ〔西洋〕がほかのもの〔文明〕とは違っていると仮定することだからである。こんな風な仮定は、われわれがまわりを見渡し、あるいは自分の内面をのぞきこんでみて、人間本性についてえた知識とは、なにからなにまでくいちがうであろう。

この暗い疑いは、われわれがさけることのできない挑戦である。そして、われわれの運命は、われわれの応答にかかっている。

　わたくしは夢をみた。一人のぼろを着た男が、自分の家に顔をむけないようにして、一冊の本を手にもち、大きな荷物を背にして、とある場所に立っていた。わたくしはみていた。すると、かれが本を開き、そこで読んでいた。やがて、読みながら、泣き、身をふるわせた。そしてもう耐えきれなくなって、かれはかなしげに叫び声をはりあげ、「わたしは何をすべきだろう」といった。

〔バニャンの〕クリスチャンがこうもひどく苦しめられたのには、もっともなわけがないではなかった。〔かれはこういった。〕わたしどものこの町が天からの火で焼かれるだろう、ということをわたしはちゃんと知っている。その恐ろしい顚覆で、わたしどもの救われる逃げ道が、どこかにみつからなければ、(といっても、わたしはどこにあるのかまだわからないのだが、)わたしも、あなたも、わたしの妻も、おまえたち、わたしのかわいい子供たちも、ともどもにあわれにも破滅するだろう。

　この挑戦にたいして、クリスチャンはどんな応答をしようとしているのであろうか。かれは走り出そうとするかのように、あっちこっちの道をみようとするだろうか。だが、どの道を行ったらよいのかいえないのだから、じっと立っているだろうか。そうなら、天からの火が、当然、破滅の町にくだり、そして、このあわれな重荷を負った男は、来たるべき怒りから逃れる地点に一向に到りえないで、あんなに陰気に予知していた大破滅につぶされる。それとも、かれは「生命！　生命！　永遠の生命！」と叫びながら、輝く燈から眼をはなさず、足を遠くの木戸の方にむけて、走りはじめるのだろうか。この問いにたいする答えが、クリスチャンだけにかかっていて、誰も助けることがないとするならば、人間本性が同一だというわれわれの知識からすれば、クリスチャンのさし迫った運命は、死であって、生ではないと、われわれは予言したくなるかもしれない。しかし、神話のこの古典版〔天路歴程〕のいうには、この人間味のある主人公は、かれの運命の決定的な瞬間に、自分自身のちからにすっかりは頼らなくてもよかったのである。ジョン・バニヤンによれば、クリスチャンが救われたのは、伝道者にあったためである。ところで、神の本性が人間の本性よりも変わりやすいものだとは、考えられないから、神がわれわれの社会にかつてゆるしてくれた執行猶予を、われわれが悔い改めた心とへり下った魂でもう一度乞うのなら、この願いが拒まれないように、祈ってもかまわないし、祈らなくてはいけない。

第二章　軍国主義と軍事的徳

軍国主義《ミリタリズム》が自殺的であるという一命題は、そのひとの言論が重きをなすほどのひとによっては、ほとんど論ぜられないであろう。しかし、この命題がほとんど自明の理であるなら、それは、戦争制度が提起する道徳的問題にたいして解答をあたえてくれそうにない。そして、事実、軍国主義という言葉がそれ自身のなかに内々にふくんでいる意味は、軍事力を用いるこの自殺的な、邪悪な方法が、唯一の道ではなく、むしろ、本質的には悪いとはみとめられない〔戦争という〕制度の、悪用であるということである。悪用したのは、事実上は、その制度自身がひどい濫用にいたるのをゆるしていたからだ。悪用を特にあらわす言葉をわれわれはつくらなくてはいけない、というわけである。

　戦争は、本質的に、そして救いようもなく、それ自体悪であろうか。これは、歴史の研究者の誰もが、あるいはわれわれの世代のわれわれ西洋社会の成員の誰もが、さけることのできない問いである。われわれの文明の運命が、この一点にかかっている決定的な問いとなっているような、時が時だからである。われわれがこの問いと格闘しなくてはならない時がきた。しかし、取りくむまえに、われわれがはたしてそのむずかしさをすべて勘定にいれているのか、突きとめてみなくてはいけない。

大きな困難は、もちろん、「軍事的徳」のあきらかな存在と重要性である。これらがわれわれの出くわす記念碑的な事実であって、それを削りとることも、うまくいい紛らすこともできない。軍人や軍人カストや軍人階級が、その他のひとびとより以上の讃美をわれわれからうける傾向があるということは、通俗的な社会学的観察の共通点の一つである。この軍人の隣人たちが生計をたてている職業は、自分の生命をかけてまで、他の誰かの生命をうばおうとしなくてもよいものなのである。イギリス陸軍また海軍の将校という古色蒼然たるタイプというものがたしかにある。名誉心に厚く、隣人におもいやりがあり、動物にやさしい（もっとも狩猟なら動物を殺して楽しんでいる）といったタイプで、われわれ西洋キリスト教文明のもっとも立派なイギリス産の一つだと、すくなくともここ二世紀みなされてきたものである。また、この讃美の念は、素朴だとか俗物的だとかと軽蔑してかたづけることができない。もし、われわれが真剣に、また偏見なしに、このタイプを調べてみるなら、それがそうみられるに値するというわれわれの確信をきっとかたくするであろう。なぜなら、「軍事的諸徳」は一組をなして別にあるのではないからである。生活のすべての歩みのなかにある徳にほかならないからである。軍事的徳のなかでもっとも傑出している勇気は、人間（男でも女でも）に可能などんな行為においても、主要な徳である。また、われわれの伝説的な大佐や提督に帰してきた他の諸徳もまた、軍隊生活においてと同様に、市民生活においても、大手をふって立派に通用するものである。ニューカム大佐や騎士バイヤール、クール・ドゥ・リオンやローラン、オラフ・トゥリグヴァソンや、ジークフリート、レグルスやリオニダス、パルタープ・シングやプリティーラージュ、ヤラール・アド・ジジ・マンコビルニーやアブダラー・アル・バタール、源義経や韓愈、かれらはなんと立派な連中であったことか。人類が文明の企てにのり出してここ五、六千年の歴史的風景のなかで、かれらはなんと広範囲な場所をふさいでいることか。

このわれわれの伝統が、つい昨日までこれらのような英雄たちを生気づけていたし、今日でもまだかれらを讃美したい気持にならせるのだが、この伝統のなかにある気分をどう解するべきであろうか。もし、われわれが「軍事的徳」の価値か、あるいはそれを讃美する気持のまじめさかを理解したいなら、われわれは、これらの徳がうまれ出る社会状況というものからこれらをみるように注意しなくてはならない。すると、われわれの今の探求にあつらえ向きの社会的状況の一面が、すぐにも眼に浮かんでくる。「軍事的徳」が培養され、讃美されるような社会的環境では、社会的諸力が、ひとびとのこころのなかで、非人間的な自然の諸力と鋭く区別されていないし、また同時に、自然の諸力が人間の手におえないものとみなされている。

近代にいたるまで、戦争は、ほとんど一般的に、それ自体なんの正当化も必要としない或るものとみなされていた。その欠点や恐ろしさはなるほど認められてはいた。しかし、せいぜい、それは、どうにもしようのない悪、災難、神のくだした天罰、疫病と同じく避けられないものと考えられていた。ヴァイキングとかあるいはその他の、侵略的な隣人から脅やかされた共同体〔国〕にとって、これは、戦争をみる自明の方法であった。犠牲者の観点からは、このようなひとびとの突然の侵入と、蝗の群れか病原菌の大群の侵入とは、原理的には区別がなかった。しかし、そのために、こんな事態のなかで、惨事からひとびとを守りえた、アルフレッドのような、あるいはシャルルマーニュのようなひとの武勇を讃美し、尊敬するにいたるのは、なおさら当然である。近代になって、特殊な戦争の正当さが疑問視され、また戦争のひどさが自覚されたけれども、戦いはすっかり日常の行事で、人間の存在についてまわる事件であり、その廃止の可能性は、ほとんど空想しうる程度にすぎなかった。戦争を謳歌するひとは少数であるとしても、環境が環境だけに、すべてのひとは、戦士を尊敬し、戦士の指導と統率に進んで服した。十九世紀になると、軍隊は、紳士に開かれたほとんど唯一つの職業とみなされた。紳士とは「鎧持ち」である。[1]

(1) G・M・ギャーソン・ハーディの著者への手紙

この巻〔『歴史の研究』第四巻〕の著者に右のような観察を送ってくれた、紳士でもある学者は、同じ手紙の先の方で、戦争と「遊猟」との啓発的な比較をおこなっている。

先史時代、まだ動物が家畜化されない頃、狩猟者は、食物を用意するという、非常に必要な機能を果した。蛮族の侵入にかこまれたときにも、同じように、兵士は生活がもっと我慢できるように、正義がもっとおこなわれるように働いてくれた。もっとも立派な人間が、こうした仕事に専心したものである。そして、かれらの達成は正しく尊敬され、同じタイプの人間が、このような性質の本能をうけ継ぐようになる。しかし、今日ではかれらの機能はそう必要ではなくなった。狩猟についていえばおそらく、まったく無用となった。

この比較は啓発的である。というのは、狩猟の場合、原始的な生活水準では社会的に価値があり、また生き死ににすらかかわる必要な仕事が、経済の発達してきた初期の段階では、もう問題なく余計なものとなっているのをわれわれはみる。〔文明は〕この段階にたいていい達するものだが、そこでは、暮しのための狩猟というものは、おそらくだんだんしなくなるのが普通で、狩猟は、そのため経済的には役に立たない「スポーツ」に変形していった。この類比から、制御できない敵の勢力にたいして自己防衛をする戦争というものが、社会的には、不必要な戦争ごっこ《ミリタリズム》に同じくらい変形してゆくような、社会進歩の段階をわれわれは立ててみることができはしないだろうか。この類比から、戦争制度が、社会的に必要であることも、必要であるとみなされることも、やめてしまったと考えて、幸福な戦士の汚れのない武勇とは経験上区別しうる有害な軍国主義というものを、戦争のための戦争の実行と定義したものとおもわれる。

われわれ西洋世界の歴史の「近代」といわれる章で、戦争が「王たちの遊び」としてもっぱら流行した、十八世紀の「中休み」のあいだは、戦争が狩猟と同じようにあつかわれていた点をみてきた。クール・ドゥ・リオンのような、またはバイヤールのようなひとの甲冑にはあたらない軍国主義者という悪名は、チャールズ十二世のような、またはフリードリヒ大帝のようなひとの帽子にしっかりくっついている悪魔の帽章である。その頃、西洋の戦場でかれらの遊びにふけっていた王たちは、問題なく軍国主義者である。しかし、われわれのずっと最近の経験では、フリードリッヒやその類いの王は、われわれ西洋の近代社会を冒すにいたった軍国主義の、もっとも有害な代表者ではないと、ひいき目にいわなくてはならない。たとえば、後のプロシヤの軍国主義者ヘルムート・フォン・モルトケが古典的な行文のなかで戦争を礼讃しているように、フリードリヒはけっして戦争を礼讃しなかった。

永久平和は夢だ。(美しい夢ですらない。)そして戦争は神が世界秩序を構成する際の一要素である。戦争で、人間のもっとも高貴な徳が発揮される。勇気、克己、義務感、生命そのものを喜んで捧げる犠牲心、といったものがそれである。戦争がなければ、世界は唯物主義に沈没しただろう。

この法外な戦争讃歌には、フリードリヒのような、品のある、哲学的な懐疑主義とはずっと違った叫び、つまり、情熱的な、不安にみちた、恨みふかい調子がふくまれている。ひどく調子がちがっているのは、一七八六年のフリードリヒの死と、フォン・モルトケがブルンチェリにこの手紙を書いた年とのあいだに過ぎた、百年足らずの期間のうちに、西洋世界の気分と事情にかかなり大きな変化がおこり、それがおそらく反響しているためであろう。われわれは、こんな大きな二つの変化を観察することができる。

十八世紀の「王たちの遊び」としての戦争が十八世紀に培われ、それが、十九世紀のプロシヤの軍国主義者〔フォン・モルトケ〕が生きているときまでに、二つの〔平和主義の〕反動をひきおこした。二つは別個のものであるだけでなく、たがいに矛盾していた。二つとも、戯れのために戦うのはとんでもない、という共通の根本的要求から出発した。しかし、一方の改革派は、遊びに変わった悪なら、全廃できるし、全廃しなくてはいけないと主張し、他は、その悪を真剣な目的のために耐える力が〔われわれに〕なければ、悪はうまれえないだろう、と主張した。このようにして、十八世紀の宮廷的なスポーツ精神を誰もが信用しなくなったとき、十九世紀の平和主義者は、ふまじめな十八世紀の先達よりも、フォン・モルトケのタイプのような、ずっとおそるべき十九世紀の軍国主義者たちに出くわしたわけである。

十八世紀的な濫用を改革する点で、十九世紀の「進歩主義者たち」は二つの陣営に対立したが、そのあいだの反目は、さきに引用した行文のなかにふくまれているフォン・モルトケの調子を物語っている。あのように極端に、かれは同時代の平和主義に反対している。

〔戦争という〕一つの制度が、もう不必要だとみえてくると、その存続がながいあいだにつくりだした本能的な偏見をとくに満足させようとして、空想的な理由が探し求められたり、あるいは発明されたりするものである。それは丁度狩猟の遊びの場合と同じことである。ごく最近の文献に、このもっとも念の入った擁護をあなたは見いだされるでしょう。というのは、まったく、今挑戦されているものは、すこし前まで認められていたものだからである。(2)

(2) G・M・ギャーソン・ハーディ氏の前掲の手紙

「王たちの遊び」をやめさせようとする平和主義者と、それを人民の真剣な仕事に変えようとする軍国主義者との、この争いのなかに、どんな今日の前兆があるか。われわれの社会の運命の謎がどちらであるのか、と問うことをわれわれはほとんど禁じえない。しかし、前兆は、われわれが読みえたかぎりでは、現在のところ、安心のできるものではない。今日、われわれのみるところでは、フォン・モルトケの挑発的な命題が、ファシズムとナチズムの予言者〔*prophets*《予言者》〕らによって、かれらの信条の基本的な条項の一つとして採用されたし、またこれらの予言者らが、大衆を自分らの信仰に改宗させるに成功したため、大衆によってモルトケの命題が熱狂的に受けいれられている。

ムッソリーニ氏は、ファシストの軍国主義の信仰を二つの別々の機会に定義した。一九三四年のイタリア陸軍の演習を終えるにあたって、「われわれは、軍事的な国民になっている（また、ますますそうならなくてはいけない。それがわれわれの願いだから）。軍国主義的な国民に、とわたくしはつけくわえたい。われわれはそういうのをおそれない。画竜点睛のために、好戦的な、つまり、国家にたいする服従、犠牲、献身の徳をより高度に身につけた国民に、といいたい」。他のときには、「イタリア百科事典」の「ファシズム」の項では、こう書いている。「戦争だけが、すべての人間的なエネルギーをもっとも高い緊張にみちびき、それにたちむかう徳をもったひとが、高貴となることを保証する」。

生にたいするこのいわゆる「英雄的な」態度は、双手をあげて迎えられ、目下のところ、数百万の若者たちがおそろしい熱心さで採用するところとなった。この態度がかれらになぜ訴えるかは、あきらかである。かれらは「軍事的な徳」という形をした徳を渇望している。なぜなら、放蕩息子が食べものに飢えたとき、「豚の食べるいなご豆で腹を満たしたいと思った」〔ルカによる福音書第一五章第一六節〕ように、かれらは別種の精神的な糧で飢えさせられているからである。そのうえ、われわれは、これらの放蕩息子が慣れている精神的な食べものがなんであるか、いつかれらが飢えはじめるかを知っている。これらの西洋後期の「軍事的徳」の礼拝者は、「キリスト教的徳」でやしなわれた時代の子孫である。かれらの祖先がそだてあげた、伝統的なキリスト教の道徳で、かれらが飢えさせられはじめたのは、十八世紀から十九世紀のかわり目に、西洋世界で養われた少数者の不信仰が、より擦れ枯らしでない大衆に感染しはじめたときからであった。

人間の精神が精神的な真空を嫌うということは、真理である。もし、人または社会が、かつて取りつかれていた崇高な霊感をうしなうという悲劇的な不幸に見舞われた場合、精神的な食べものがなにもないままでいられるものではなく、早晩、なにか見つかれば、どんな食料にでも（たとえこの新しい飼料が粗悪で不満足であっても)、とびつくであろう。この真理の光に照らして、われわれ西洋社会の最近の精神史をつぎのようにいうことができる(また戦争謳歌を説明することができる)。われわれ中世の西洋キリスト教社会の主要な制度であったヒルデブラントの法王庁が挫折したため、われわれ西洋のキリスト教国は、ひどい道徳的な衝撃をうけたので、われわれの祖先が育てあげたキリスト教的な生活方式は、われわれをとらえる力を大幅にうしなった。そして、〔宗教戦争の〕災いと幻滅のおわる頃、われわれの家は、啓蒙思想によって掃ききよめられ、飾られ、前に住んでいたキリスト教精神は住まなくなっていたのに気づいた〔マタイによる福音書第一二章第四四節〕。われわれは、苦悶の精神的な真空をみたすために、ほかの住み手をさがした。この探求にあたって、われわれは、もっとも手近にあった二とおりの道を択びとった。われわれ西洋の文化の源泉は三つある。つまり、われわれ西洋の社会の親であるギリシア〔*Hellenic*《ヘレニック》〕〔文明〕社会の、内的プロレタリアート、外的プロレタリアート、支配的少数者がそれである。ところで、ギリシア〔文明〕社会の内的プロレタリアートの宗教的遺産であるキリスト教が、われわれの期待にそわなくみえてくると、われわれは、ギリシア〔文明〕社会の外的プロレタリアートか支配的少数者か、いずれかの宗教のほうへ腹をへらしてむかっていった。たまたま、この二つは、事実上は同じものであった。というのは、どちらも、部族また国家にたいする原始的な偶像礼拝の変種であったからである。したがって、キリスト教の背信者であるわれわれ西洋の近代人は、新しい神を探しまわって、ついに崇拝されるのをまっていた同一の神をみつけた。どちらに眼をむけようと同じことであった。マキァヴェリはかれのリヴィに、ルソーはかれのプルタルコスに、ドゥ・ゴビノーはかれのスターラスンに、ヒットラーはかれのワグナーに謀りながら、おのおの、その文学的または音楽的な神のお告げによって、全体主義的な局地的国家《パローキアル・ステイト》という同一の聖地荒しの悪逆者の、祭壇のきざはしに導かれた。局地的な共同体〔国家〕をおがむというこの異教的な礼拝にあっては、（それが、その霊感において、ギリシア的であれ、ゴティック的であれ、あるいはスカンディナヴィア的であれ）、どうしても「軍事的徳」をおがまなくてはならないし、戦争礼讃がその信仰の基本信条なのである。そのうえ、なぜ、フォン・モルトケが、たしかに真剣なといえる情熱で、「永久平和は美しい夢でさえない」といったか、また、なぜ、かれがあきらかに本物の恐れから戦争の廃止をけなしたか、その理由をいまわれわれは理解することができる。かれが恐れたのは、平和主義者の夢が実現すると、われわれの新異教的な世界は、ふたたび簡単に精神的真空におちこむだろうということであった。

近代の西洋人が二通りの、たった二通りの道〔平和主義か戦争礼讃か〕のどちらかを択ばなくてはならない、というフォン・モルトケの基本的な仮定が、もしも正しいとするならば、かれがこういう立場をとったのは正しかったと、事実われわれはみとめざるをえなくなるかもしれない。もし、われわれがゲッセマネの徳をおこなう力と意志を実際うしなってしまったのなら、なにも全然しないよりは、スパルタかヴァルハラ〔北欧神オーディンの神殿、戦没者の招魂がおこなわれる〕の徳をおこなったほうが、たしかにより善いであろう。また、以前のキリスト教社会では、この結論はもうむずかしい議論ではない。というのは、いましがたの条件法を直接法にかえると、フォン・モルトケを今大衆は信奉しているし、われわれの世代のかれの弟子たちは、大勢味方がついている、と矛盾をおそれないで主張することができる。「軍事的徳」は全体主義的な局地的国家の十誡であるが、この西洋後期の〔国家〕崇拝は、ほとんどこの時代に優勢な一宗教となってきている。そして、この信仰は、復古主義的に野蛮であるとしても、メフィストフェレス的な否定一点張りの精神ではうちまかされないだろう。そもそもこの信仰は、メフィストフェレス的精神に抗議し、これに打ちかったものである。社会は、それに似合いの政府をもつように、それに似合いの宗教をもつものらしい。そして、われわれがキリスト教の産まれだということに値しなくなった時、われわれはオーディン〔北欧の最高神、軍神、風神、死霊を掌る神〕のような、あるいはアレス〔ギリシアの軍神〕のような神の亡霊を甦らせて拝むとみずから宣告していた。この野蛮な信仰でも、なにも全然しないよりはましである。レオニダス〔スパルタ王〕のような、またオラフ・トゥリグヴァソン〔ノルウェー王〕のような死には、軍国主義によってはぐくまれた英雄主義が崇高な高さに達している。しかし、これは聖者の崇高さではない。また、自殺以外にゆきどころのない英雄主義でもない。流産したスカンディナヴィア文明や成長を阻止したスパルタ文明の運命をみるがよい。もし、フォン・モルトケが、事実にかんするかれの基本的な仮定において、同じように、そこからかれがひき出す道徳的な演繹において、正しいとするならば、右のような運命が、ひとしくわれわれ西洋文明の運命でもあろう。この仮定が正確であるかどうか、あるいは、そうではなくて、キリスト教は、競争の圏外にあるどころか、西洋人の魂をにくむべき破壊的な異教主義から解きはなつ力をまだもっているか、そして、いま一度西洋人により高い、積極的な二者択一を提供するかどうか、という考察がまだ残っている。ヒルデブラント〔法王グレゴリウス七世、法王庁を確立したひと〕は、ロドリゴ・ボルジア〔法王アレキサンダー四世〕のような、シンバルド・フィエスチ〔法王インノケンティウス四世、ともに皇帝と争った〕のようなひとの罪によって、かれの信者らの魂がうけた傷を癒しうる力をもって、ふたたび甦ることができるであろうか。これは、この二十世紀のわれわれ西洋世界で答えられなければならないすべての疑問のうちで、最大のものである。

　フォン・モルトケがわれわれにあたえてくれた手がかりにしたがい、そして「軍事的徳」の礼拝がわれわれ西洋の魂をその後期にいたってふたたび把えたその威力をば吟味していって、戦争という制度が、それ自体、本質的に、そして救いようもなく悪なのかどうか、というわれわれの問題の解決にむけて、いくらか歩を進めてきたかにおもう。要するに、問題の立てかたがまちがっていたのを発見した。おそらく、創られたものなら、本質的に、そして救いようもなく悪いなどということはありえない、ということが真理であろう。なぜなら、創られたものなら、創造者から流れてくる徳をのせる車の役は果たしうるからである。「軍事的徳」でも、血と鉄に宝石がいくつか嵌めこまれているために、やはり徳である。しかし、価値は宝石そのもののなかにあるのであって、宝石が嵌めこまれるおそるべき装置にあるのではない。これらの貴重なものがみつかることをわれわれがつねに望みうる唯一の場所は、〔戦場という〕虐殺場であり、そこではじめて貴重なものが人間にみえるように出現するにいたった、という結論に〔フォン・モルトケのように〕飛躍するのは、すべての経験にもかかわらず、性急である。土のなかにかくされていたダイアモンドは、いつまでもはそこにない。それは、王冠のなかによりふさわしい場所をみいだす。ダイアモンドの鉱山がその宝を産出してしまえば、日頃苦労し、たまたま発見した現場から、すぐに自分を切りはなすことができない坑夫にとっては、鉱山は死の場所以外のなにものでもない。ダイアモンドが埋まっていた鉄屎について真理であることは、はかない戦争制度についても同じように真理である。この制度のなかで、善性の永遠の原理が、「軍事的徳」のかたちをとって、一季節ぼんやりと光ったのは、そののち、それ〔原理〕が神の国の完全な、肉の平和のかたちをとって、はっきり輝きわたるためである。聖なる徳（本質は変らないが、いつもその住家はかわる）は、それがつぎつぎに宿るところに、自分自身の光の反射をなげかける。そして、一時的にそこに宿っていた霊が、闇をあかるくするのをやめるとすぐに、これらの住家のどれもが、見捨てられ、醜い姿を呈する。

出来事とか現象とかを時代的に辿ってみると、われわれが同じ気持でいつも接する必要のあるようなものは、ほとんどない。つまり、どんな悪もはじめから悪なのではなく、ただそうなったにすぎない、ということである。……はじめはよかったのに、ながらえすぎてその意図をうしなった事物は、いくらでもあげられよう。そのなかに、われわれは、多分、戦争を含めてもかまわないだろう。いのちをもつすべてのものと同じように、戦争は止まることを知らず、つねに発展している。動物は戦争をやらなかった。やったのは人間である。そして、われわれの子孫（ゲーテやニーチェらが呼んだように、超人）は、戦争をよすだろう。……史上われわれの知っている戦争〔という制度〕は以前にうまれたものである。それは若かったが、今は老いている。しかし、若い女の恋がわれわれに好ましくおもわれ、老女の恋が厭わしくおもわれるものだが、戦争にも丁度そういうところがある。つまり、本性や意味がすっかり違う二つのものを、等しなみに判断することはできないし、してはならない、ということである。アキレスの憎しみの永遠の歌と、リソーアーのイングラトにたいする憎しみの讃歌とのあいだに、共通するどんなものもありはしない。また、同じように、スカマンダー谿谷の戦いと、美神と酒神との戦いとのあいだにはもっとも大きな違いがある。(3)

③　G・F・ニコライ『戦争の生物学』英訳四二〇―四二一頁

「軍事的徳」のなかに、善性が、まず不十分ではあったが、まじりけなくあらわれ、ついで、それが、比較を絶したいっそう高い水準でもたらされ、キリスト者の生活においてその実行をもとめてきたのに、われわれが依然として戦争を礼拝しつづけてきたとするなら、創造の報いの一種である、はかない制度の偶像視という点で罪があるわけである。おまけに、何世紀にもわたって二人の主につかえる、というできない芸当を企てたのち、ついに、低い方をつかみ、高い方をさげすむならば（つまり、オーディンやアレスにつかえることにまったく逆戻りし、われわれの祖先がキリストに捧げたしぶしぶの奉仕すら拒否するとするなら、）われわれの罪はいっそう重くなる。異教主義のこの最後の状態は、最初のよりもうんと悪い。なぜなら、フォン・モルトケやムッソリーニの復古主義的な軍国主義は、慎重で、自己意識的に邪悪であるが、それが、騎士バイヤールやニューカム大佐の無邪気な、古い「軍事的徳」とちがうのは、ちょうど、日暮れの薄明が暁の微光とちがうのと同じことである。大佐が騎士から受けついだ無邪気さは、フリードリヒやナポレオンの犬儒主義の相続人たちによっては、われわれ西洋世界にけっして取りもどせない。ニューカム大佐の著者が、十九世紀の半ばにこの愛すべき人物を創作したとき、作中人物の魅力も悲劇もともに、作者がすでに時代錯誤の人物であったという事実にかなり依るものである、ということを自分でよく知っていた。ムッソリーニ的な軍神レディヴィヴィウスへの献身は、ニューカムやバイヤールのそれではなく、ロボットや火星人〔火星はマルス神の星〕のそれであろう。復古主義をまじえた偶像礼拝が有害の実をうんでゆく、この堕落の過程は、成長の規準をそこにみつけうる「内面化《エサリアライゼイション》」のあの過程の、つまり、マクロコスモス〔大宇宙〕からミクロコスモス〔小宇宙〕へ活動領域が漸次に移ってゆくあの過程の、丁度真反対である。この規準が真の規準であるなら、それがわれわれに先天的に知らせてくれることは、戦争という制度が道徳的に不動なものではありえない、ということである。この気味悪い制度が「軍事的徳」を発揮するための場を昨日そなえたことをみとめるならば、明日は「騎士的な」類いの戦争が、徳や美の名残りをとどめない軍国主義にいたって、胸の痛みを感ずるか、それとも、キリストのための戦いに変貌するか、どちらかだということは、たしかであろう。キリストのための戦いでは、人と人との物理的な戦いは、悪の力と抗争する精神的な戦いに脱皮しており、そこで、すべてのひとが、神につかえることで一つになって戦う。

われわれの現在の背信が、まさに死のうとする異教の最後の痙攣にすぎないことになれば、また、異教とキリスト教との闘争がながびいて、ついにこうした危機の絶頂にたっし、この危機は、異教が完全に舞台からおいはらわれることで終わるものとすれば、われわれは、肉による戦争がわれわれの生活からすぎさり、われわれの記憶から拭いさられ、ついに「戦争」という言葉そのものが通用しなくなり（類語である「生贄」がもう通用しなくなったように）、ただ一つの〔精神的な〕比喩的な意味にだけ用いられるにいたる時代が来るのを夢みることができる。そういう日には、ひとが「戦争」について語るとき、精神上の戦争のことをいっているであろう。ほぼ五、六千年のあいだ、かれらの祖先のかわらない天罰であった肉による戦争を想いだすときには、かれらはそれをあの残酷な入所式の一つ〔である入信式〕の範疇でかんがえるであろう。受洗希望者は、大変な苦労をして、聖徒の交わりに入るために、この入所式をうける習わしであった。ここでは、戦争のおこなわれる舞台は、外面な戦場から内面的な戦場へと移ってしまっている。このような完全なキリスト教国の戦争というものは、神の国の到来を何百年も、何千年も昔から宣言しはじめていた一市民〔パウロ〕の筆によって、詩味あふれる軍事的な比喩で描かれ、聖者らしい予言者的なヴィジョンで述べられていた。聖パウロがギリシア文明の歴史の一時代に、ギリシア文明の世界国家の、戦争に傷ついた諸都市の市民たちにその使信を送っていたときは、「軍事的徳」の微光が、「混乱時代」の軍国主義によって沈澱させられてきた濁りの下の方から、なお眼をとらえ、眼をひきつけることのできたときであった。そして、使徒は、改宗者のこころのなかにまだ残存している、戦争の高貴な、すばらしい含蓄のすべてを活用し、これらを一つづりの軍事的な暗喩であらわし、キリスト者の生活の一層内面的なすばらしさと高貴さを改宗者に伝えた。

わたしたちは、肉にあって歩いてはいるが、肉に従って戦っているのではない。わたしたちの戦いの武器は、肉のものではなく、神のためには要塞をも破壊するほど力あるものである。わたしたちはさまざまな議論を破り、すべての思いをとりこにしてキリストに服従させる。

〔コリント人への第二の手紙第一〇章第三―五節〕

第三章　軍国スパルタ

プラトンがそのユートピアを心に描いている頃、かれの霊感を刺激したものは、スパルタ都市国家のその頃の制度であった。このギリシアの共同体〔スパルタ〕は、プラトンの頃のギリシア世界の列強のなかで、最大のものであった。われわれがスパルタの体制の起こりを調べてみると、スパルタ人が、どうしても離れ業をなしとげなければならないし、それには、「独特の制度」で自らを装わなくてはならない必要があったことがわかる。というのは、その歴史的経過のずっと初期の段階で、スパルタ人は独特の転換をしたからである。スパルタ人は、その歴史のある地点で、ギリシア都市国家という共同体に共通する方向から袂をわかった。

紀元前八世紀にすべてのギリシア共同体に提出された共通の挑戦にたいして、スパルタ人は独特の応答をおこなった。それ以前からギリシアが社会的に発展していった結果、その頃、ギリシア半島およびアルキペラゴにあるギリシア社会の本土では、耕地面積の広さに比して、収穫が逓減しはじめていた。他方、ギリシア〔*Hellas* ヘラス〕の人口は急激に増していた。八世紀のギリシア生活に共通するこの問題が、「正規に」どのように解決されたかといえば、海外の新しい地域を発見したり、征服したりして、全農地面積をもっと拡げてゆくということであった。海外膨張のこの一般的な動きの結果存在するにいたった、新しいギリシア都市国家の綺羅星のなかには、スパルタ起源を要求する一つの建設物、すなわちタレントゥムがあった。しかし、この要求は歴史的事実と合致しているとしても、タレントゥムの事例は類がない。タレントゥムは、スパルタ植民地であるといえる唯一の、海外のギリシア都市であった。そして、このタレントゥムが指さす真理は、スパルタ人が、大体、八世紀のギリシアに共通な人口問題を、海外の植民という共通の方向にしたがってではなく、それ自身の独特の道で解決しようと試みた、ということである。

スパルタ人がエウロタスの谷の広い、肥沃な耕地でさえも増加する人口にとってあまりに狭すぎると気づいたとき、かれらは、カルキス人やコリントス人やメガラ人のようには、海に眼をむけなかった。海は、スパルタの都市からも、スパルタ平野のどの地点からも、また平野をすぐ取りまいている高地からさえも見えはしない。スパルタの景観を制する自然の相貌は、タイゲトゥスの巍々たる山脈であり、この山脈は平野の西端から非常に嶮しくそそり立っているので、その面はほとんど垂直かとおもわれる。他方、その嶺線はまっすぐで、ずっとつづいているので、壁のような印象をうける。この壁のようなタイゲトゥスの光景をみていると、ランガーダの谷が眼をひく。それは、直角に山脈をたち切っている谷間であるが、ちょうど、山野をつくる巨人的な建築家が、ほかのところは一様に越えられそうにない障壁に、一つのはっきりした割れ目をとくに設計して、人びとに非常門を用意したようである。スパルタ人が、紀元前八世紀に人口の圧迫の危急を感じはじめたとき、かれらは丘に眼をあげて、ランガーダの谷を見つめ、山越えの路に助けをもとめた。それは、かれらの隣人たちが、同じように必要に駆られて、海路へとその助けをもとめたのと同様である。この最初の道のわかれにあたって、助けはスパルタ人にアミュクライの主アポロンと青銅の家の女神アテネからきた。第一次メッセニア＝スパルタ戦争（紀元前七四三―七二四年）は、トラキアとシシリアの海岸にギリシアが最初に入植したのと同時代のことだが、この戦争が、勝利者スパルタ人の手にギリシア本土の広い征服地の所有をゆだねた。この征服した土地は、植民したカルキス人が海外のレオティニで、またはスパルタ人自身の移植者がタレントゥムでえた土地よりも広かった。しかし、スパルタの支配的精神は、スパルタを導き、スパルタがメッセニアの目標に達してからは、「足をさらわれる憂き目」にはあわなかったが、だからといって、「すべての禍から」スパルタを守りはしなかった。反対に、スパルタのその後の姿勢が超人間的に（むしろ非人間的に）こわばったのは、ロトの妻の神話的な運命と同じように、あきらかに呪いであって祝福ではなかった。

　スパルタ人特有の悩みは、第一次メッセニア＝スパルタ戦争がスパルタの勝利に終わるとすぐはじまった。というのは、戦争でメッセニア人を征服することは、平和的にかれらを抑えつけるのよりも、スパルタ人にはより容易な仕事であったからである。征服されたこれらのメッセニア人は、トラキア人やシケル人のような蛮族ではなく、スパルタ人自身と同じ文化をもち、同じ心情をもったギリシア人であった。戦争ではスパルタ人と対等であったし、数でおそらくまさっていた。第一次メッセニア＝スパルタ戦争（紀元前七四三―七二四年）は、第二次（紀元前六八五―六六八年）にくらべれば、児戯に等しいものであった。この第二次の戦争では、隷属民であるメッセニア人は、逆境によって錬られ、そのうえ、ほかのどのギリシア人たちも自分にふりかかって来るのをがえんじなかった運命に屈服したということに、恥辱と激怒を感じたため、支配者のスパルタ人にたいして、武器をもって立ちあがり、この二度目の発作では、自由を維持するために戦ったはじめの発作よりも、もっとはげしく、もっとながく、自由を回復しようと戦った。このメッセニア人の遅まきの英雄主義は、結局、二度目のスパルタの勝利をさけることにならなかった。そして、先例のないほどの頑強な、力を出し切ったこの戦争の後に、勝利者は被征服者を先例のない厳しさであつかった。しかし、長い目でみるならば、メッセニアの反逆者らは、ハンニバルがローマに復讐しえたという意味で、スパルタにたいする復讐を完うした。第二次メッセニア＝スパルタ戦争は、スパルタの生活の全リズムを変え、スパルタの歴史の全行程を偏らせた。勝ちのこったものの胸に剛直がはいりこんでくるような戦争の一つが、これであった。この戦争は非常に恐ろしい経験であったので、それは、スパルタの生活を悲惨と剛直にしっかり縛りつけたままにし、スパルタの進化を袋小路へ「おいこんだ」。そして、スパルタ人は、経験してきたことを忘れることができなかったので、ゆるめることができず、したがって、戦争以降の反動の行きづまりから抜けだすことができなかった。

スパルタ人とメッセニアにおける人間的環境との関係は、イヌイットと極北圏の自然環境との関係と同一の皮肉な有為転変を経過した。いずれの場合も、われわれが目にするのは、一つの共同体が、その隣人たちの尻込みしている環境に勇敢にも摑みかかり、このひどく手に負えない企てから格別に沢山の報酬をせしめようとした光景である。はじめの段階では、大胆不敵なこの行為は、結果からみてうなずけるようにおもわれる。イヌイットは、かれらの従弟であるより臆病なアメリカ先住民が、北米の大草原で見出したのよりも、よりよい猟場を極北の氷上に見いだした。また、スパルタ人は、同時代のカルキスの移植民が、海を越えて蛮族から得ることができたよりも、もっと豊かな土地を、山を越えてかれらの仲間のギリシア人から得た。しかし、次の段階では、大胆不敵な元の（取り消せない）行為が、その避けがたい罰をさそい出した。征服された環境が大胆不敵な征服者を今度は虜にした。イヌイットは極北の気候の囚人となり、その生活を気候の正確な指図にしたがって、ごく些細な細部にいたるまで、律しなくてはならなかった。スパルタ人は、うまい汁を吸おうとして第一次の戦争でメッセニアを征服したのに、第二次の戦争からずっと、メッセニアをささえもつ仕事が精一杯という破目におちいった。かれらは、この時以来ずっとメッセニアを自分で支配するということに従順な、謙虚な従者になりおわった。

スパルタ人は、既存の制度が新しい必要に応じられるよう、適応の離れ業をおこなって、身支度した。

ほかのすべてのギリシア共同体では、勃興する〔ギリシア〕文化の前面から消えていたこれらの原始的な諸制度が、スパルタの組織体の隅の首石として役立たせられるようになったこの方法は、われわれをふかく感嘆させずにはおかないところである。

この適応のなかに、われわれは、自動的な発展のたんなる結果より以上の何かを認めないわけにいかない。すべてのものがただ一つの目標を目指して導かれるように出来ている、組織的な、目的のはっきりしたこの方法には、意識的に形づくろうとする手が入りこんできているとみなさざるをえない。……一人または数名のひとがいて、それが同一の方向に働きながら、原始的な制度をリュクルゴス制とスパルタ宇宙〔コスモス《*the Kosmos*》（秩序）〕に作り直したのだ、とどうしても仮定せずにはおられない。(1)

(1) M・P・ニルソン「スパルタ人の生活の基礎」『クリオ』第十二巻三〇八頁

ギリシアの伝統的見解は、第二次メッセニア＝スパルタ戦争以後のラケダイモン〔スパルタ〕人の社会の再建、つまりスパルタをスパルタらしくし、それが衰微したのちも、そうでありつづけたものにした再建ばかりでなく、スパルタの社会史、政治史におけるそれ以前のすべての、あまり変態的でない事件までをも、「リュクルゴス」のせいにしている。しかし、「リュクルゴス」は神であった。近代の西洋の学者らは、「リュクルゴス」制をつくった人間を探して、シロンがそれにあたるのではないかと考え出している。シロンはスパルタの監督官で、賢者の誉れたかく、紀元前五五〇年頃、公職にあったらしい。「リュクルゴス」制は、第二次メッセニア＝スパルタ戦争の勃発からかぞえてほぼ一世紀ほどのあいだに、一連のスパルタの政治家が漸次につくりあげていったものだ、と見なしておそらくさして誤りではないかとおもう。

スパルタの体制のいちじるしい特徴は、その体制の「人間本性にたいするはなはだしい無視」にあった。その特徴は、同じように、その体制の驚くべき能率と致命的な硬直性、それにその結果起こったその制度の挫折とを説明するものでもある。実際スパルタのメッセニア支配を維持するという重荷は、すべてスパルタ自由市民の子孫の肩にかかっていた。同時に、スパルタの市民団それ自体のなかでは、平等の原則が確立されていたばかりでなく、十分に実施されていた。

富の平等化は実現されていなかったが、スパルタの「市民」は、だれでも、国家から同一の広さあるいは同一の生産力をもつ封土もしくは分割地を与えられていた。その分割地は、第二次スパルタ＝メッセニア戦争後、メッセニアの耕地を分割したものであった。この分割地のどれも、農奴として土地にしばられているメッセニア人が一生懸命に耕せばよいので、スパルタ人が自分の手ではたらかなくても、「スパルタ的な」つつましい生活水準ならば、スパルタ「市民」とその家族を養うに足ると考えられていた。それで、スパルタ「市民」は、すべてどんなに貧しくても、経済活動をしなくていいので、かれらの全精力を戦争の技術に捧げることができた。それにまた、のべつまくなしの終身の軍事訓練と軍役とは、スパルタの全「市民」に課せられた義務でもあったので、スパルタでは、だれかが富裕であって富の余剰に差ができても、富者と貧者とのあいだに生活様式上の実質的な差異はすこしもあらわれなかった。

世襲的身分についていいえば、スパルタ貴族は、元老会への被選挙権のほかは、一般市民にゆるされていない政治的特権は、なにももっていなかったようである。それ以外の点では、かれらは「市民」階級に吸収されていたのであり、とくに、「リュクルゴス」の体制下では、スパルタの三百騎士は、もはや貴族の一団でも騎馬隊でもなかった。かれらは、真剣に入隊を競いあうすべての「市民」のなかから功績によって選抜補充される重装歩兵の精鋭軍となっていたのである。「リュクルゴス」の体制下でもっとも顕著に平等の精神を示しているのは、その体制が王にゆるした身分規定である。諸王は常に世襲権によって王位を継承していたが、かれらのもっていた唯一の実権は、軍務にたいする軍事的指導権だけであった。それ以外には、在位中の王であっても、外見きらびやかなほどには重要でないある種の儀式上の義務と特権とを別とすれば、二つの王家の他のすべての成員と同じように、一般「市民」と同一の終身の厳格な訓練にしたがわなければならなかった。皇太子でも、一般市民と同一の教育をうけ、また、王位を継承したからといってその義務を免れることはなかった。

そのような次第で、スパルタの「市民」団の内部では、出生や世襲的特権の相違は、「リュクルゴス」制下にあってはほとんどあるいは全然問題にならなかった。この市民団に入るための一つの正規な資格は、スパルタの自由市民の生まれということであったが、入団志願者のなかで、人前ではもちろんのこと、仲間同士でさえも、決して、「わたしたちはアブラハムの子孫である」に相当するスパルタの言葉を口にしようとするものはなかった。というのは、スパルタ人に生まれたといっても、それは、やっかいだが、羨望の的である「市民」という身分にのぼっていく保証とはならなかったからである。実際、スパルタ人に生まれるということは、正式には必要であったが、不可欠の条件ではなかった。スパルタ人に生まれたからには、その子供が、虚弱児であれば、生後戸外にすてられ死のうき目にあうか、そうでなければ、その子供は、文句なしにスパルタ的教育の厳しい試練を受けなければならなかった。そして、この厳しい試練をうけたとしても、それはたんに成人したあかつきに、少年が「市民」団に入団するための競争資格をあたえるにすぎなかった。最後にものをいうのは、その子供の生まれではなくて、むしろ、この厳しい教育の試練にたいするその子供の応じ方であった。スパルタの生まれのものでも、この教育の試練に満足な結果を示しえず、結局は「市民」団への入団を拒否され、「劣等者」というかんばしからぬ身分におとされ、外の暗がりで悲嘆にくれ、歯ぎしりするほかないものもあった。また、きわめてまれにではあったが、逆の場合もあった。つまり、非スパルタ生まれの少年が、スパルタの教育を受けることを許されるという場合である。そして、このような「外国生まれの少年」でも、うまくやってのければ、スパルタ生まれの同級生と同様、「市民」への入団の資格があたえられていたようである。

　スパルタの体制は、こんな程度まで出生と世襲との権利を無視したのであったが、リュクルゴス神は「人間本性」を無視する点にかけては、はるかに上をいった。このスパルタの社会改革者は、優生学的見地からあえて結婚にさえ干渉し、〔市民団への〕選抜の時がくるまえに、自分の望むような人材がえられるよう、できるかぎりの育成をしようとした。スパルタの徴兵制度には、それに応ずる階級、つまり生後戸外に棄てられなかったスパルタの自由市民の生まれのものすべてにとって、除外例はなかった。スパルタ人は七歳になると、子供を家庭から取りあげて教育施設に収容した。ついには、スパルタ人は、少年と同じく少女をも兵籍に編入し、訓練したばかりでなく、そのうえ、男女を同等に扱おうとまでした。少年と同様に、スパルタの少女で徴兵制度から除外されるものはなかった。そして、スパルタの少女は、特別の女性としてのしつけもうけなければ、また男から隔離されることもなかった。スパルタの少女は、少年同様競技式の体育訓練をうけた。だから、少女は、少年と同様男の面前で全裸で技を競ったものである。

スパルタの体制は、人畜育成という点については、あきらかに、同時に二つのちがったねらいを追い求めた。つまり、量をも質をもねらった。スパルタの体制が量の方のねらいを確保したのは、その社会の規模が小さかったから、それだけに個々の成人男子に呼びかけ、勧誘したり、罰を加えたりして、その行動を左右できたからである。引込思案でどうしても結婚しない男は、国家によって罰され、また、公共心のはずべき欠如という科で、年長者から非難をうけた。だが、その反面、三人の男子をもつ父親は、兵役を免除され、四人の男子をもつ父親は、国家にたいするあらゆる義務を免除された。同時に、質の問題は、特定の意識的な優生学上の意図から、性的関係を支配しているある種の原始的な社会習慣をば活かすことによって確保された。その社会習慣というのは、婚姻制と家族に先だつ集団婚制、という社会組織の遺制であったらしい。スパルタの夫は、妻から生まれる子供の質をよくするために、妻に自分より優秀な、種馬とでもいったらよい男をあてがって、その男の子供が生まれるように骨を折れば、公衆の非難に身をさらすどころか、公衆の喝采を博した。そして、そのうえ、スパルタの妻は、夫のからだがあきらかに弱い場合、夫が進んで自分の代りになる男を妻に与えようとしないならば、自分勝手にそう取りはからっても非難はうけなかったようにさえみえる。プルタルコスは、スパルタ人が優生学上の目的でこのようなことを実行した精神をば、スパルタの社会改革者に言及している行文で、次のように伝えている。

スパルタの社会改革者は、スパルタ人以外の人びとの性的慣習のなかに、俗悪と虚栄以外のなにものもみなかった。それらの人びとは、かれらが借りるか傭うかして都合できる最上の種馬をかれらの牝犬と牝馬にあてがってやろうと気を使っているくせに、女たちが確実に夫以外の男の子供を産まないようにするために、かの女らを閉じこめ、監視の目を光らせている。たとえ夫が、たまたま知的障害か老衰か病身であるとしても、以上のことがあたかも夫の神聖な権利でもあるかのように考えている。このような慣習はあきらかに二つの真理、つまり、良い両親には良い子供が、悪い両親には悪い子供が生まれるという真理と、子供をもち、育て上げてみて、はじめてこのような区別がわかるという真理とを無視したものである。

こんなふうにして育ててきたスパルタ児童をば、どのように教育するかという点についてもまた、スパルタの児童の最良のものを選んで「市民」に編入し、国家の分割地を授けるという究極的な目的から、スパルタの体制は、家族制度ができる以前の社会組織の遺制を利用した。この組織のもとでは、もう母親の個人的な配慮を必要としない子供の教育は、家父長的な一家で父親の家業を修めることによってではなくて、同じ部落のなかの他の同年同性の子供とそれぞれ組になっているひとつながりの「人間の群」の成員に、つぎつぎにすることによって行なわれた。「リュクルゴス」の改革はこの「年齢別組」制を採用し、それと同時に、年長の子供が年少の子供を訓練できるように、すべての年齢の子供をうって一丸とする交組制を導入して、その「年齢別組」制を改革の教育的意図にそわせた。このような「児童団」は、成人の「会食団」をまねて作ったものであり、その準備となるものであった。この「会食団」とは、軍役に服する（二十一歳から六十歳までを含む）四十種の「年齢別組」のなかで最年長から最年少までの様々な「年齢別組」に所属している「市民」の団体である。スパルタの少年は、十三年間この「児童団」の中で教育をうけるが、この教育のクライマックスは、二十歳のおわりに「市民」団へ入団するための唯一の道である「会食団」の一つに入団しうる候補資格をば、あたえられるときであった。「会食団」へ入団するには、互選という手しかなかったが、一票でも「反対票」があれば、候補者は入団を拒否されることになっていた。そして、いったん互選されれば、入会をゆるされた候補者は、共同生活を維持するのに必要な食扶持と金を規則どおりにもってこないとか、戦争での臆病という容赦のない罪に問われるとかということがないかぎり、四十年間は自分の属する「会食団」の現役の団員としてとどまった。

スパルタの体制の主な特色は、監督、選択、専門化に、競争心に、それから懲罰という消極的な刺激と褒賞という刺激との併用にあった。スパルタの「市民」団にあっては、このような特色は〔未成人の〕教育的な段階にかぎられたものではなかった。それらはスパルタ人の少年時代を支配していたと同じように、成人の生活をも支配しつづけたのであり、スパルタ人は満七歳になって母親のもとを離れる瞬間から、満六十歳になって兵役を免除されるにいたるまで、ずっとつづけて訓練に服したわけである。五十二年間の「軍隊勤務」を規定した規則を一瞥すれば、この訓練の特徴は一目瞭然である。それが証拠に、幼くて両親の家庭を離れて「児童団」に入ったスパルタ人は、「会食団」に入団をゆるされ、国家から分割地をあたえられ、妻をめとるという社会的責任を果たしたとしても、自分自身の家庭で生活する自由はあたえられなかった。スパルタの「市民」は、結婚は強制されていたが、それと同時に「家庭生活」を営むことは禁じられていた。スパルタの花婿は新婚の初夜でさえ兵舎ですごさなければならなかったし、また、家庭でねてはいけないという禁制は、年長者になるにしたがって徐々に緩和されはしたが、家庭で食事をしては絶対にいけないという禁制は、いつまでも解かれなかった。

リュクルゴスは、スパルタ人が家庭で勝手に予備食をとり、そのために満腹で会食場に臨むことがないように配慮した。スパルタではもしだれかが会食場で食欲を示さないということがあれば、その者は食事仲間から、ぜいたくで共通の食いものに耐えられない美食家だ、と「きめつけられ」、実際にその罪が認められれば、その者は罰金を払わされた。それについては有名な話がある。それはアギス王が（アテネとの持久戦に勝った後）久しぶりに戦場から帰還したときのことであった。王は、たった一度のことではあったが、女王と食事を共にしたいとおもい、会食場に自分の分をとりにやった。だが、軍事会では王の分をもって行くことを許可しようとはしなかった。そして、その事件が、翌日監督会の知るところとなると、かれらは王に罰金を払わせた。(2)

(2) プルタルコス『ラコニア格言集』リュクルゴス伝第六章

なにか圧倒的な、外的な制裁が伴わなかったならば、これほどひどく「人間本性」を無視した制度を強いることは、あきらかにできなかったであろう。スパルタでは、スパルタ社会のおきてに違反したものに、どうすれば監督者のむちよりもはるかに残酷な罰を加えることができるかを知っていた世論というものが、この制裁の役を果たした。最後の瀬戸際にあるスパルタの体制を調べたアテナイ人の一観察者〔クセノフォン〕は、この点をあきらかにして次のように述べている。

リュクルゴスの特筆すべき業績の一つは、スパルタでは、おめおめと生き恥をさらしているよりはむしろ、いさぎよく死ぬことをよしとする風をかれが作ったことである。事実、調査してみたら、スパルタ人のなかでは、怖気づいて戦列をはなれて死ぬものの数よりは戦闘中に死ぬものの数のほうがずっと少ないことがあきらかになった。だから、実のところ生き残るためには、勇気の方が臆病よりももっと効果的であるということがわかる。勇気の道の方が〔臆病より〕ずっとたやすく、気分がよく、障害がなく、安全なのである。……で、リュクルゴスのもとにあるスパルタ人が、この勇気の道についてくるようにさせるために、リュクルゴスはどんな手を打ったか、その説明をわたしはどうしても省くわけにはいかない。かれのうった手は、勇気のあるものには必ず幸福になることをうけ合い、臆病なものは必ず不幸になるようにしむけることであった。〔スパルタ以外の〕他の共同体〔都市国家〕にあっては、臆病者に加えられるただ一つの罰は、臆病者という汚名をきせることだけである。それ以外には、臆病者でも、その気があれば、勇猛の人びとにまじって働いたり遊んだりしても自由なのである。だが、他方スパルタでは、だれも、臆病者を食事仲間にするとか、運動競技の相手にしたりすることをいさぎよしとしない。それで、臆病者の汚名をきせられたものは、しばしばつぎのような破目におちいることになる。たとえば、合唱団に加わっても、まともな役は与えられず、みながボール・チームを選抜するとなれば、除けものとされる。往来や食卓ではだれにでも先をゆずり、その上、年少者にも道をあけてやらなければならないし、一家の女どもには世間に顔向けできないようにさせ、男らしさがないといって、女どもが非難するのを我慢しなければならない。また、このような臆病者は自分の家に妻を迎えるのをあきらめなければならないし、おまけにそのために罰金を払わなければならない。それだけではない。この顔さげては戸外に出られるわけはなく、事実汚名をうけないスパルタ人のすることを、かれは何一つしてはいけない。それに違反すれば、先輩からなぐるけるの罰をうけるというようなことである。わたしとしては、臆病ということが、このすさまじい罰のお見舞をうける社会では、死ぬことがこのような非難や不名誉のなかで生きることよりも好ましいということに少しの驚きも感じない。[3]

③　クセノフォン『スパルタ国』第九章

しかしながら、どんなに苛酷であっても、刑罰だけではスパルタ人の気風を作り上げることや、あるいはその気風を可能とした超人的な英雄主義を鼓舞することは、とてもできなかった。スパルタ人をあのようなスパルタ人にした制裁は、外的であると同時に内的でもあった。つまり、スパルタ人に共通な行動基準にしたがって生活することのできなかった連中にたいして、団体的な世論は、ひどく冷たかったので、かれらは生きがたかったが、このような場合に無慈悲になったのは、スパルタ人の一人一人がみずからただひたむきに同一の〔行動〕基準を維持しようと努力していたからにほかならない。すべての真のスパルタ「市民」の魂のうちにあるこの「絶対命令」は、「人間本性」を完全に無視して二百年以上にわたり「リュクルゴス」制を運営させるのに根本的な推進力となった。ヘロドトスが、アケメネス朝のクセルクセス王と、ダルダネルス海峡からテルモピレーに向かって進軍中のクセルクセスの軍隊にあって幕僚として仕えていた流配のスパルタ王ダーマラートゥスとのあいだに語らせている会話のなかに、この「絶対命令」の面目が躍如としている。その会話は、疑いもなく〔ヘロドトスの〕創作であるが、それにもかかわらず啓発するところが多い。クセルクセスがダーマラートゥスに〔途中で〕なにか抵抗にあうと思うかと尋ねると、これに答えて、ダーマラートゥスは、〔かれ個人としてスパルタ人を愛する理由は少しもないのに〕、スパルタ以外のギリシア人ならいざしらず、彼の故国スパルタの国民にかぎっていえば、かれらは人数の多寡などはおかまいなしに反撃にでてくるだろう、とうけあった。それで、クセルクセスが、かりにも、スパルタ人のように自由の身の軍隊が、クセルクセス自身の軍隊でさえその指揮者のおそろしさとむちの強制によってやっと立ち向かうことのできる試練に、進んで直面するという考えはうけ入れられないというと、ダーマラートゥスはつぎのように答えている。

スパルタ人は自由の身だといっても、まったく自由なわけではありません。スパルタ人は、自由だといってもまた、法という形の主人に仕えているのです。そして、その主人を、あなたの従者があなたをおそれるよりもずっとひどくおそれているのです。そのことは、スパルタ人がその主人の命令ならば、どんなことでもおこなうことでわかります。そして、その命令というのはいつどんなときでも同じなのです。「戦場でどんなに強い敵の軍勢に出会っても、敵にうしろをみせてはいけない。部隊は隊伍をくずしてはいけない。要は勝つか、死ぬかである」。

これが、スパルタ人にそのような業績を達成させた精神であり、そのような業績のせいで、スパルタという名は、今日あらゆる現代語に刻みつけられ、依然その意味を失っていない。かれらの功業はあまりにも有名で、ここできなれた話をむし返す必要はないくらいである。テルモピレーにおけるレオニダスと三百騎の物語は、ヘロドトスの第七巻に記され、少年と狐の物語は、プルタルコスのリュクルゴス伝に書かれている。そして、この二つの物語は、ともに、スパルタの未成年の離れ業をあますところなく伝えているのではなかろうか。ここでかりにまずスパルタ人の裏面をものぞかなければ、かれらから目を転じられないと仮定してみよう（率直にいって、それは事実そうなのである）。そのさい、われわれは、スパルタ少年が丁年に達する前にうける教育の最後の二年間、つまり、少年がある一つの「会食団」に互選されるか、されないかがきまるもっとも決定的な二年間は、おそらくは、秘密任務にあけくれたのであり、この任務というのは公認の殺人団に所属する以外のなにものでもなかったということを思い出さないわけにはいかない。そして、この「殺人団」は、だれかスパルタの公奴のなかで反抗のきざし、というよりは多分たんに特徴や才能の痕といったものを示したものがいれば、そのものを殺すという目的をもって、昼は地形を利用して身をかくし、夜はあたかも夜陰に乗じて徘徊することを業とするかのように出歩いて、ラコニア地方を秘密裡にパトロールした。スパルタは、スパルタという名が並ぶもののない軍事的栄光を担うようにと、成人にはレオニダスと部下の三百騎のような英雄主義を要求したし、また十分それをよび起こした。そして、他方では同様に、未成年に秘密任務という犯罪行為を要求し、その行為をよび起こしそこなうことはなかった。が、それは、スパルタ「市民」というほんの少数者が、「劣等者《インフェリアーズ》」と「隷属者《ディペンデンツ》」と「新平民《ニュー・メンバーズ》」と「奴隷《サーフス》」とからなる数の上で圧倒的な大多数者の首っ玉を足下におさえつけておくためであった。かれらは、その機会さえあれば、一にぎりほどの主人たちを「半殺しの目にあわせたくて」うずうずしていたであろう。もし、「リュクルゴス」制のもとにあって、スパルタ人が人間行為のもっとも崇高な高みのいくつかに登ったのだとするならば、かれらはまたそのもっとも暗い深部のいくつかを鳴り響かせたといってもよい。

「リュクルゴス」制にあっては、あらゆる特徴が、良かれ悪しかれ、精神的なものにせよ、物質的なものにせよ、ただ一つの目的に向けられ、この一定の目的は、的確に達成された。「リュクルゴス」制下のラケダイモン〔スパルタ〕の重装歩兵は、ギリシア世界における最良の重装歩兵であった。かれらは同じ装備をもつ他のギリシアの軍隊のいかなるものにもはるかにまさっていた。ほとんど二世紀にわたって他のギリシア列強の軍隊は、ラケダイモンの軍隊に遭遇して苦戦することを恐れた。訓練においても、士気においても、ラケダイモン人は真似ができなかった。しかし、まさにこのために、「リュクルゴス」制下のスパルタでは、一種類以上の職業をゆるす余地がなかった。

今日スパルタ博物館を訪れるものは、だれでもすぐに「リュクルゴス」制の「単線的」特質が目につく。というのは、この博物館は、ギリシアにあろうと、その外のところにあろうと、現存するギリシアの芸術品をあつめた近代的蒐集というもののどれともまるっきり違っているからである。スパルタとは違う蒐集では、観覧者の目は、ほぼ西紀元前五、四世紀に相当する「古典時代」の作品を探し、発見してそこにとどまる。だが、スパルタ博物館で顕著なことは、この「古典的」ギリシア芸術が欠如していることである。ここでは「古典時代以前の」陳列品が、まず観覧者の目をとらえ、魅惑する。その陳列品というのは、線にも色彩にも恵まれた才能をもつ芸術家が彩色した、精巧な象牙彫りや目をそば立てさせるほど色彩の豊かな陶器類である。断片的ではあるが、このような初期スパルタ芸術の遺品は、みまがうことのない独創性と個性の刻印を帯びている。しかし、観覧者がここではじめてこのような遺品を発見したからといって、それに続く時代の作品をみつけ出せると期待しても、なにもみつかりはしない。というのは、スパルタ芸術のこの初期における開花は、未完の可能性としてとどまっているからである。スパルタ版「古典的」芸術の遺物がなければならない場所は、大きな空白となり、スパルタ博物館には、後期ギリシアおよび初期ローマ帝政時代から始まる、ありあまるほどの霊感に乏しい規格化された、二流以下の彫刻作品をのぞけば、ほとんどなにもない。スパルタ博物館の二組の陳列品のあいだには、大きな年代上の間隙が確認され、この間隙はその日付けから説明できる。初期のスパルタ芸術が中断する時代は、紀元前六世紀中葉のシロンの監督時代であり、ほとんど同じように「芸術生産」が急激に転落期に復興するのは、紀元前一八九—一八八年以後、つまり、スパルタで「リュクルゴス」制が、外国の征服者の慎重な政策によって廃止されたとして知られる時代のことである。それ以前にすでにスパルタは、強制的にアケイア同盟に編入させられていた。生活がこの鉄のように固い制度によって軍国主義の一色にぬりつぶされているかぎり、スパルタでは、芸術は不可能であった。

リュクルゴス制が行なわれるようになると、スパルタの絵画および彫刻の技術は、麻痺に見舞われたが、スパルタ人が早くから将来性を同じように示していた音楽の技術も麻痺に見舞われ、それはひとしく致命的であった。〔当時の〕スパルタ当局は、現代のヨーロッパ世界で軍事教練にとって最上の予備技術であるとみなされているほど、兵術に近いある種の技術に、その国民が親しむことを思いとどまらせさえした。つまり、スパルタ人は汎ギリシア大運動競技で技を競うことを禁じられていた。それは、専門的に競走や跳躍や砲丸投げをすることと、専門的に槍と楯を扱うことや練兵場で展開演習をすることとは、まったく異なることなので、どんな場合でも、スパルタ人の気持や心が軍事教練からそらされてはならない、という理由からであった。

そのようにして、スパルタは、紀元前八世紀の岐路にたって、強引に危険をおかしておのれの道を突っ走ったことの報いを受けた。つまり、スパルタは、西紀元前六世紀において、ちょうど他のギリシア諸国家がもう一度ギリシア史の全過程のなかでもっとも注目すべき前進を開始した時にあたって、閲兵式の際の兵士のように捧げ銃をしながら直立不動の姿勢をとる運命を甘受しなければならなかった。

スパルタの「市民」団というものが、ギリシア最初の民主制であったとか、このスパルタ民衆の成員のあいだでメッセニアの耕地を同じ〔大きさの〕分割地に再分配するということが、次代のアテナイ人を動揺させた革命の標語になったということをおもい起こすには、かなりの想像力をはたらかせなければならない。この新しい運動は、スパルタでは「リュクルゴスの」改革で時期ばやにおこなわれたので、初歩的段階でまだ熟さぬうちに阻止される運命にあった。なぜなら、

「リュクルゴス」制がスパルタ人の生活の表面を変え、その後永久にそれを化石化させてしまったからである。ギリシア文明の生に現われたこのような新しい傾向が、新鮮な創造行為となって成就されるように定められていたのは、スパルタにおいてではなく、また、第二次メッセニア＝スパルタ戦争でスパルタ人に提起された特殊な挑戦にたいする応答においてでもなかった。紀元前六世紀の創造的行為は、別種の挑戦によって呼び起こされたものであった。この挑戦というのは、紀元前八世紀の以前の挑戦にたいして応答したギリシア共同体〔都市国家〕にはじめて提起されたものであった。八世紀のギリシア社会の応答のしかたは、スパルタのようにギリシア内の隣邦を征服することによるものではなくて、カルキスやメガラのように海外に植民することによるものであった。

ギリシアにおいては人口問題がこの方法によってほぼ二世紀にわたって大体解決されていた。あるいは棚上げされていたといってもよい。その後、問題は再燃した。が、今度は、ギリシア世界の領土拡張があらゆる方面で同時に止まってしまったために、問題は前よりもずっと深刻であった。東方では、ギリシアの拡張は、紀元前六世紀に新しい列強の勃興によって阻止された。すなわち、エジプトのサイス朝、アナトリアのリディア帝国、それに、最初はこの両者をおびやかし、やがては併合してしまう、はるかに強大なアケメネス帝国の勃興によってである。同じ世紀のあいだに、ギリシアの拡張は、西地中海では、これまで敵対関係にあった東地中海の植民民族、つまりフェニキア人とエトルリア人とがもりかえしてきたため停止した。両者は、力でも数でもギリシア人にたいし劣勢であったが、いま政治的に協同することでそれを挽回しえた。それと同時に、西の土着の蛮族は、自分自身の武器ですべての東地中海《レヴァント》の侵入者と戦いながら、どの侵入者にたいしても同等に自分の地位を維持する方法を学びはじめていた。このようなさまざまな仕方で、ギリシアの拡張は八方ふさがりとなった。そこで、この挑戦は、ギリシア人にはたんなる対外的発展の道がもう開かれていないので、それにかえるのに、まだかれらの能力で可能な、より高度の社会秩序の達成という内部的発展をもってすることによって、ふたたび起こってきた社会問題を解決するようにかれらを促がした。ギリシア人は、「自給農業」から「作物販売［cash-crop 換金農業］」と家内工業へと、局地的な自給自足の体制から海外貿易の体制へと、現物経済から貨幣経済へと、生まれにもとづく政治から所有にもとづく政治へと移行した。そして、このように効果的な応答をするにあたって指導的役割を果たしたのが、アテナイ人であった。この「ダーク・ホース」は、初期の海外植民運動に加わらなかったが、同時に、スパルタにしたがってメッセニアの袋小路にまよい込みもしなかった。

［挑戦にたいする］」アテナイの応答の特質にふれなければならないのは、ただアテナイ指導下のギリシアの進歩と、スパルタの非ギリシア的不動性との対照を指摘するためである。この対照は、アテナイとスパルタとの貨幣制度の相違に十分象徴されている。鋳造貨幣という新しい発明品は、「リュクルゴス」制がかたまるまえにスパルタに伝えられていたし、その鋳造貨幣は、それ以後でさえスパルタの「市民」団内部の生活でかなり重要な役割を演じつづけた。というのは、「市民」

は自分の属する「会食団」にたいして団員としての名誉を傷つけないためには団の維持に必要な一定の分担額を負担しなければならなかったが、その分担額の納入は現物納でよいことはもちろんのこと、一部金納も可能であった。六世紀のスパルタの改革者たちは、ラコニアから全然硬貨を駆逐することができず、というよりは駆逐しようとしなかったのであるが、この貨幣制度をかれらが手がけた他のすべての制度の場合と同じように、かれらの目的に適合させることに成功した。かれらは国民に鉄製の代用貨幣を保有させていた。だが、この代用貨幣は日常の使用のためには重くてかさばりすぎていたし、また化学的処理の点でも品質があまりにも粗悪に作られていたので、量をまとめてみたところで実質的な商業価値をもちうるようなものではなかった。そういうわけで、ラコニアは、その国境を越えて通用しない通貨を流通させていたために、事実上まるで全然通貨をもっていないかのように、金融関係の国際的なつながりから除外されていた。その間に、「アテナイのふくろう」は全地中海世界の流通貨幣となり、たまたまこの渡り鳥の一群がスパルタに現われたときには、スパルタの権威筋は、七本以上の弦をもつ楽器が輸入されたよりもさらに大きな驚きを示した。スパルタ人ギリップスは、紀元前四三一―四〇四年の大戦においてアテナイ人のシチリア征服の試みをくじいて、アテナイ人を屈服させるにあたって、おそらく他のだれよりも多くの貢献をなしたのであったが、かれの召使が「製瓦所に一群のふくろう」があると知らせたとき、つまり休戦のあかつきには流配の身となることを余儀なくされた。

このようにして、スパルタ人が国内において公奴にたいする支配を維持するために作った「リュクルゴス」制は、おまけに、結果として全ギリシア世界にたいして防禦する側にスパルタ人を回らせた。そして、スパルタの状況にみられる最大の皮肉は、スパルタが、不敗の軍隊を作り上げるというただ一つの目的のために、人生上の価値のあるすべてのものを犠牲にしたときに、これほど高くついた武力をばあえて使うわけにはいかなくなった、という事実である。なぜなら、武力を使えなくなったのは、「リュクルゴス」制下のスパルタの社会的均衡はきわめて緊密で、またその社会的緊張は非常に強かったから、現状をすこしでも乱すと、災いのはね返りが来るかもわからなかったからである。そして、このような災いが、スパルタの領土内に敵の侵入をゆるす敗北の場合にやってくるのはもちろんだが、それとほとんど同じくらい間違いなく、勝利した場合でも、スパルタの人的資源をますますいつまでも必要とするため、やってくるだろう。そして、結局そのとおりに、紀元前四〇四年の運命的な勝利と、その結果である三七一年の宿命的な敗北は、スパルタ人に災いをもたらした。そして、その災いとは、かれらがその世界でもっともおそろしい武力を築きあげるのに成功して以来ずっと恐れつづけてきたものであった。でも、スパルタの政治的手腕はどうにかこうにかして、「リュクルゴスの」改革の完成から数えてほぼ二世紀にわたって、その禍の日のおとずれをひき延ばしてきた。だが、それは、まわりの状勢が常にスパルタに押しつけようとしていた、スパルタが偉大であるという考えをば、受け入れることを拒否することによってであった。

スパルタ人は、このような心がまえで、アケメネス朝の脅威が提起した、ヘラスの指導権をにぎれ、という挑戦を再三再四しりぞけた。スパルタ人は紀元前四九九年のアナトリアにおけるギリシア人の反乱に援助の手をさしのべることをさしひかえ、四九〇年のマラトンの戦いにはあまりにもおそくかけつけた。また、テルモピレーやプラテエーでは不承無承栄光を担いはしたが、その後で、かれらは四七九—四七八年における解放軍の最高司令部から身をひいてしまった。スパルタ人は、スパルタが偉大であろうとすることに含まれている危険をまねかずに、むしろ慎重そのものにそれを拒否し、アテナイ人が偉大だという名声をうる余地を残しておいた。だが、スパルタ人は、このように苦しい犠牲を払ってさえ、結局はかれらの悲劇的な運命からのがれることはできなかった。というのは、スパルタ人は、紀元前四九九年から四七九年にわたって、挑戦を受けて立つことを拒否したが、この拒否によってスパルタ人が買いとったものは、その独特のディレンマからのつかの間の免除以上のものではなかったし、またありえなかったからである。挑戦をうけて立つという冒険を犯さずに、アテナイ人に機会を与えるという、より軽い禍の方をとったため、スパルタ人は、アテナイ人がギリシアの自由を脅かすにいたるという危険に道をひらいた。そして今度は、スパルタ人自身、どうしても無視することのできない挑戦に直面していることがわかった。トゥキディデスの見解によれば、「アテナイ＝ペロポネソス戦争の基本的な……原因は、アテナイ人の偉大になることが、ラケダイモン人のあいだにひき起こした恐怖であった。そして、この恐怖のためラケダイモン人は武器をとらざるをえなくなった」というのであるが、それは、ペロポネソス同盟の「防衛線」がくずれ、コリント地峡の彼方の敵アテナイが、ラケダイモン人の無策に事よせて、ラケダイモンの国内の敵メッセニアと手をにぎるという事態にたちいたりはしないかと恐れたからであった。

紀元前四三一年コリントスの外交政策は、ついにスパルタの政治力がギリシアの指導権をにぎらざるをえないようにさせた。そして、四三一—四〇四年の大戦〔ペロポネソス戦争〕において、スパルタの軍隊は、いまはじめてその最大限の力をためされるわけであったが、その創設者たちの意図したところを全部なしとげ、スパルタの隣邦が期待し、あるいはおそれたところのすべてをやってのけた。アテナイと〔スパルタの〕公奴との神聖同盟が成りはしないかというスパルタの悪夢は、現実とはならなかった。アテナイの戦略家デモステネスが、紀元前四二五年ラコニアのメッセニア海岸にあるピュロスに戦略拠点を築き上げるという輝かしい偉業をなしとげたときでさえもそうであった。それに反して、スパルタの指揮官ブラシダスがトラキア海岸へ陸から遠征したため、またニキアスのシチリア島への海上の遠征によって、アテナイの戦力が衰微したため、アテナイの悪夢は現実となった。その悪夢というのは、ペロポネソス人が、エーゲ海の対岸にあるアテナイに服しているギリシア植民地の人びとと手を結ぶことに成功しはしないか、そして、アテナイが、自分の得意の〔海軍力という〕領域で、イオニアの船乗りの乗ったアケメネス朝に経済的に援助された艦隊によって、打ち負かされはしないか、というものであった。ギリシア社会のわれとわが身に加えた磨滅のこの第一段階が、紀元前四〇四年に終わったとき、敗北していたのは、アテナイであって、スパルタではなかった。だが、「今日はギリシアにとって大いなる禍のはじまりである」ことがわかるであろう、というスパルタのアギス王の予言は、賽が投げられた瞬間になされたものであったが、敗北者にとってと同じように、勝利者にとっても真実となった。というのは、スパルタが今になっておくればせに、また不承不承その敗北した敵〔アテナイ〕からとりもどした偉大さは、真のネサスのシャツであることがわかったからである。

スパルタ人は紀元前四三一―四〇四年の戦争に勝ったために、特殊な苦境に立たされた。つまり、隣邦との接触をただ軍事上の接触のみにかぎって訓練し尽くされたある国民が、一つの特殊の戦争の結果、これまで準備もなければ、また、かれらの独特な制度や習慣や生活態度に全然合いもしない、非軍事的な関係というものに突然入っていかなければならなくなった、ということなのである。スパルタ人はそれまでの問題と取りくむためにこのような特異性をそだててきたが、今までにスパルタ人の選んできた狭い環境の限界内で、かれらに超人間的な力をあたえていたその特異性というものが、いま、この〔スパルタ人という〕特異な国民に復讐をしたというかたちになった。スパルタ人は、非人間的な、または人間以下の存在となり、つまるところは、戦争に勝ったばかりに、かれらがなげ込まれることになったより広い世界で生きることができなかった。スパルタ人は、それまでの環境にあまりにもぴったりと適応していたので、新しい環境に適応することは実際不可能なほど困難であった。そして、ある状況においてはかれらの成功の秘訣になっていた特性自体が、別の状況におかれた場合には、かれらの最悪の敵となった。スパルタ人は、戦勝の結果、ただアテナイの陸海軍力を最小限にとどめておくばかりでなく、アテナイ人が果たしていた強国としての責任をスパルタ自身の双肩に担わなければならなかった。そのとき、かれらは失敗してしまった。

国内におけるスパルタ人と国外におけるスパルタ人とが、対照的であるということは、ギリシアの語り草となった。というのは、本国では、スパルタ人は、個人としての訓練や公平さという点では、明らかに普通のギリシア的水準以上にぬきんでていたのに、自分の得意からはなれたとなると、すぐにぬきんでていたと同じくらい水準以下になったからである。スパルタ人が事態にせまられてアケメネス領で全ギリシア軍の指揮に当ったとき、スパルタの摂政パウサニアスの道徳的頽廃は、眼をみはらせるものであった。それは、恐るべき警告であった。この警告はスパルタ政府が紀元前四七九―四七八年にギリシアの指導者の地位から身を引こうと決心するのにかなり効き目があった。この決心がほとんど正しかったことは、後になって、つまり、紀元前四三一―四〇四年の大戦の第二次の、したがって最終回の戦中と戦後に、スパルタが、国外にパウサニアスのような人間を何十人と派遣しなければならなくなったときに、認められた。「われわれはしてはならないことをし、すべきことをしないでしまった。われわれにはもう善後策を講ずる余地はない」というのが、レウクトラの〔会戦の〕後、旧制度をおぼえているほど高齢の、アゲシラウス王のようなスパルタの政治家の心に否応なくしのび寄ってきた反省であったにちがいない。

紀元前三七一年に大部分のスパルタ「市民」は、ラコニア国境外のギリシア諸国に駐屯して守備の任についていた。このギリシア諸国は、かつては自発的にスパルタの同盟国となっていたのであったが、いまはもうむきだしの武力によってしかスパルタへの忠誠を示さなくなっていた。そして、その守備の任についていたものの中から選ばれたものは、軍隊勤務を解かれて政治的、行政的な部署につくことを命ぜられた。その部署につくと、かれらは自分自身の無策と専制と堕落のために、小規模ではあったが、パウサニアス自身がそうであったように悪名をはせていた。その結果、これらのきびしい訓練をうけたスパルタ軍の兵士は、国外では「調停者」と呼ばれていたが、その「調停者」という尊称は、しまいにはギリシア人の耳ににくにくしくきこえるようになってしまった。そのようにして、水からあがった魚のような有難くない臭をスパルタという名からただよわしていたスパルタ「市民」でも、もし、ラケダイモン軍としてレウクトラの戦いのために動員されるまで、運命が、かれらにエウロタス河畔のキャンプ生活を続けさせてくれ、かれらの訓育にかけられた期待を満たす機会を与えてくれたならば、かれらは疑いもなくスパルタの伝統的な「軍事的」徳を示したことであろう。だが、かれら自身および国家の名声にとって不幸なことには、その重大な瞬間にこれらのひとたちはみな在国してはいなかった。そして、クレオンブロトゥス王指揮による、紀元前三七一年テバイ人のためにレウクトラできわめていちじるしい敗北を喫した軍隊中のラケダイモンの分遣隊には、戦時勤務上つねにスパルタ王の身辺護衛にあたっていた三百の「騎士」を除いて、実戦に参加したスパルタ兵は、たった四百人しかいなかった。この数字は、この危急の時にあたって、防禦線に立つラケダイモン歩兵のなかには、ラケダイモン人十人ごとにスパルタ人がたった一人しかいなかったということを物語っているとおもわれる。規則上の人数割からいえば、ラケダイモン人十人にたいしてスパルタ人は四人いなければならなかった。レウクトラ〔の会戦〕でスパルタ人の人数割がこのようにその正規の人員の四分の一に切り下げられていなかったならば、テバイ歩兵の剛勇と自分の配下の部隊の戦闘力とを最大に活用する術を心得ていたテバイの指揮官エパミノンダスの天才的戦術をもってしても、ラケダイモン人の不敗の記録をかれらが破るという歴史的な成功を収めえたかどうかには疑問がある。そして、そのラケダイモン人の不敗の記録は、その時まですくなくとも二世紀半のあいだは破られなかったものであった。

紀元前四三一―四〇四年の大戦でアテナイにスパルタが勝利したため、スパルタは省くわけにはいかない軍役から「市民」を解除し、安心してかれらにまかせられない非軍事的な任務にかれらをつけなければならなくなり、それがスパルタ滅亡の一因となったということのほかに、さらに、スパルタの勝利は、もっと違った、もっと巧妙な仕方で、スパルタを滅亡に導いた。たとえば、スパルタは、勝利の結果、おくればせながら、貨幣経済にまきこまれたわけだが、長いあいだ人為的に自国民をそれから遮蔽してきただけに、災いがひどく、その破壊的な社会的結果に身をさらすこととなり、それも滅亡の一因となった。「ラケダイモンがはじめて社会的病弊と社会的腐敗におそわれた時期は、実際にラケダイモンがアテナイ帝国を打ち倒し、金銀をたんまりと手に入れた瞬間に一致する」(4)。そして、この貨幣経済の導入は、私有財産にたいするスパルタ人の態度にひとしく破壊的な革命をもたらさずにはおかなかった。スパルタ人の保守主義は、もちろん市場における不動産の売買をゆるすまでにはいたらなかった。だが、スパルタの民会は、時期ははっきりしないが、紀元前四世紀中に「家族財産または分割地の所有者が、これを存命中に譲ること、あるいは遺言によって自分の選定したものに遺贈することを正当と認める法案」[5]を可決した。この一条の法律はスパルタ「市民」の人口を減少させるのに効果があったが、その効果は、レウクトラにおける比較的軽いスパルタ軍の損失という結果よりはるかに大きく、おそらくはスパルタが軍事的に敗北したので受けた政治的な罰であるメッセニアの損失、という結果と同じくらい大きいものであったにちがいない。アリストテレスが「政治学」をかいていた時期には、すでにこの不幸な法律は、あきらかにかんばしからぬ結果を生みだしていた。紀元前三世紀後半のはじめに王位についた受難者アギス王の時代までには、「生存しているスパルタ人は七百人ばかりになってしまい、そのうち、おそらく百人ほどは、所有地または分割地をもっていたであろうが、残りの者は市民権を奪われてまずしい群衆と化していた」[6]。

(4) プルタルコス『アギス伝』第五章
(5) 同右
(6) 同右

スパルタの衰微にみられるもう一つの顕著な社会的現象は、「女性の圧倒的な多数」という現象であった。財産の悪平等と同様、男女の間に存する勢力や権力のこの悪平等は、アリストテレスの時代のスパルタではすでに顕著な事実となっていた。そして、二人の救世主である王、すなわちアギス王とそれから一世紀おくれてスパルタの王位にあったクレオメネス王の伝説の中で、英雄たちを元気づけ、勇気づけ、なぐさめ、哀悼する役割は、貴婦人たちに帰されている。それは、新約聖書中の女性の役割と同じくらいすばらしいものである。アリストテレスは、紀元前三七〇―三六九年の冬エパミノンダスがエウロタスの谷に侵入していた期間中のスパルタ婦人の行動に酷評を加えているが、それにもかかわらず、この伝説の暗示によれば、スパルタ衰微の時代に、スパルタ婦人が、かの女たちの夫や息子たち以上に道徳的向上をなしとげたのは、実にかの女たちの徳によってであったということである。そして、もしこのことが正しいならば、そのことは「リュクルゴス」制の失敗を説明する手がかりとなる。というのは、「リュクルゴス」制は、男にたいしてと同じように女にも通用されていたが、スパルタの少女や既婚婦人は、かの女たちの兄弟や夫たちと同じ程度には圧力に屈さなかったからである。そして、スパルタ男性の道徳的挫折は、「リュクルゴス的」気質の異常なまでの厳格さによって作りだされた道徳的生硬さによるものであったと信じられる。もしこの確信が正しいならば、スパルタ女性が、男性の精神を完全に打ちくだいてしまった厳しい試練に応じながらも、身を曲げたりはね返ったりするだけの道徳的弾力性を残していたのは、彼女たちがこの不自然な努力から比較的に免除されていたからにほかならない、と推測することができる。

アリストテレスは「リュクルゴス」制の碑文を一般命題のかたちで次のように書いている。

諸国民は、隷属に値しない隣邦を隷属させる目的で戦術をみがいてはならない。……それがどのような社会制度であっても、その社会制度の主要なねらいは、軍隊制度もその他のすべての制度と同じように、兵士が任務をはなれている平和時の事情を考慮して作るということでなければならない。そして、このような命題の支えは、経験上の事実である。というのは、軍国主義的な国家は、戦争をつづけているあいだだけは存続しうるが、その反面、征服をなしとげると、すぐ滅亡に向かうからである。平和になると剣はにぶる。過ちは、兵士に平和時の生き方を教えない制度にある。

このようにして、「リュクルゴス」制は、結局自滅を避けられなかった。しかも、この体制は、自殺しているのに、苦しみ通しで死んだ。「リュクルゴス」制は、かつてスパルタのメッセニア所有を維持するというはっきりした目的のために生みだされたものなのに、実際には、お話しにならぬ保守主義のため、スパルタは、メッセニアが失われて回復できなくなった後ほぼ二世紀にわたってその制度を実施しつづけた。受難者クレオメネス王は、メッセニアで失ったスパルタの四千の分割地のかわりに、スパルタに残っているタイゲトゥスの東、つまりエウロタスの谷にある領土を再分割して新しい同数の分割地を遅まきながら補充したが、この王様革命家は、この機会を利用して自国を公奴制という昔からの呪いから解放することはしなかった。全部で七百人の生き残りのスパルタ人では、生き残りの百人のスパルタ「市民」の所有地をいま分割して作った四千の分割地のうちの二割ほどもふさげなかったから、クレオメネス王は、配下の新スパルタ市民団の人員を充たすために、三千以上の公奴と付庸民《ペリオイコイ》にスパルタの市民権を与えたものと考えられる。だが、かれらは生き残りの公奴のうちのほんの一部にすぎなかった。というのは、クレオメネス王は、一人についてかなりの金額の解放金を即時払いさせて六千人以上の公奴を解放し、セラシイアの戦いの前夜、かれの敵マケドニアのアンチゴヌスドーソーンがテゲアに到達したとき、この解放公奴のうちの二千人を配下の陸軍に編入したからである。そして、ローマ人が紀元前一九五年ラコニアに侵入したときには、まだ公奴が昔ながらの公奴の身分でそこで暮らしているのをローマ人はみた。

スパルタの「頑固な保守主義」のもっとも注目すべき偉業は、二人の受難者、アギス王とクレオメネス王の試みであった。かれらは、アテナイにたいするスパルタの大勝利が、「リュクルゴス」制の運命を封じてしまってからまる一世紀半もたって、「リュクルゴス」制のひからびた骨骼に肉を着せ、この死体に新しい生命の息吹きを吹きこもうと試みた。この最後の絶望的な離業で、スパルタの生活のみすてられた車は、極端に保守的な努力によって、あまりにひき戻されすぎたので、実際は革命となった。そして、この激しい動きは、結局長いあいだたがの外れていた〔社会〕機構を壊してしまった。クレオメネス王の外科手術は、おそらくなおる見込のない社会体を葬る結果となった。傷ついた葦をまっすぐに立てようとした手が、葦を折り、火を燃え立たせようとした息が、くすぶる火の気を永久に吹き消してしまった。

その後スパルタはまったく過去の夢にひたって暮らし、それが特徴といえるならば、復古主義という非現実的な遊びにふける奇妙な熱心さという点でだけ、自己の特徴を示していた。そして、復古主義は、ローマ帝国の最初の二世紀のあいだギリシア世界全体に流行していた。〔ローマ〕帝政時代のスパルタ人は、かれらのすべての同時代人と同じようにその地方特有のすぐれた方言をまねて名誉を表わす碑文を草するのを楽しみとしていた。だが、スパルタではこの無害な衒学的な復古主義は、少なくとも、そのほかに残虐性のある復古主義的な不健全さを伴っていた。アルテミス・オルティアの祭壇で少年を鞭打って豊年を祈る原始的な儀式は、いったん「リュクルゴス」制によって、冷酷ではあるが実用的な意図のために、苦痛に耐える競争に変えられたが、プルタルコスの時代には悪化して、サジスト的な残虐さを帯びていた。その残虐さたるや、興奮の高まりに調子をあわせて、我慢している少年を死ぬまで鞭打つというものであった。プルタルコスは、有名な伝統であるスパルタ少年とぬすまれた狐の物語を記すさいに、「私自身多くの少年が、オルティアの祭壇で鞭打たれて死ぬのをみたことがあるから、このことは今日のスパルタ青年についても信じられないことはない」と書いている。このような場面に、つまり、超人間的な、というよりは非人間的な忍耐力の曲芸が、なんらひるむことなく、しかもなんの益もなくなされるという場面に、含まれている本質的なものは、スパルタ人の気風に特徴的なものであり、スパルタの運命を象徴している。というのは、たとえ、だれかスパルタ人が、自分の魂の平安を求めて、こうも苦しい努力が無駄ではありませんようにと祈ったとしても、その祈りは、ただスパルタ人の唇から洩れたというだけで、なんの効果もなかったに違いないからである。スパルタ人のねがいの空しさは、その空しさ以外の点ではとるに足らない〔ローマのあつかった〕調停事件の結果で、むき出しにされている。ローマの歴史家タキトゥスは、ローマ帝国年代記〔歴史〕のキリスト紀元二五年のところで、その歴史的な意味はおそらく理解していなかっただろうが、この調停のことを記録している。

ディアナ〔即ちアルテミス〕・リムナーティス神殿の法律上の権利に関して、ラケダイモン政府の代表者とメッセニア政府の代表者に発言の機会が与えられた。ラケダイモン側は、その神殿はラケダイモンの領土内に自分たちの祖先が建設したことを主張し、自分たちの主張の正しさを支えるために、文献上の証拠にうったえた。その文献というのは詩であると同時に歴史であった。かれらのいい分によると、神殿は戦争中マケドニアのフィリッポス王のために一たんは無理やりとりあげられたが、後になって、ガイウス・カエサルとマルクス・アントニウスの述べた法律上の見解のおかげでかれらに返還された、というのであった。これにたいして、メッセニア側は、ヘラクレスの子孫たちにペロポネソス半島がわけられた古い区分をもち出して、神殿のあるデンテリアーティスの地域が、かれらの王のものときめられた土地の一部であると、主張した、かれらのいい分によると、この事件の記録は、石や古い青銅器に刻まれて現に残っている、というのであった。それに加えて、かれらは、もし文献上の証拠にうったえるというのが問題ならば、自分たちが引用できる種類の証拠の質と量でも、ラケダイモン側を圧倒することができる、と述べた。かれらは、フィリッポス王の決定について、それは、気紛れな権力のなした業ではなくて、事実にもとづくものであり、マケドニア王アンティゴノスとローマの将ムミィウス王との判断の一致によって、さらにはメレシィア政府の裁定によって、最近ではローマのアカイア州の知事アテディウス・ゲミヌスの判決によってずっと確認されてきたものであると主張した。そして、かれらの主張が認められ、裁判は、メッセニア政府の勝となった。

このようにしてスパルタ人は、キリスト紀元一世紀にはまだエウロタスの谷とメッセニアとのあいだの国境の山岳地帯にある帰属のはっきりしない領土をめぐって争っていた。だが、この最後の場合は成功しなかった。その領土は、元来かれらの祖先が紀元前八世紀にそれを求めて戦い、征服したものであった。デンテリアーティスをめぐってのあらそいは、第一次メッセニア＝スパルタ戦争の伝統的な原因であった。そして、少なくともそれから八世紀もたった今、重要ではない同じ一片の領土をめぐっての同一の相手による同一のあらそいが、ローマ皇帝ティベリウスの仲裁裁判にかけられることになった。スパルタ人がまぎれもなく歴史をもたない国民であった、ということを証明するこれ以上の証拠はたしかにない。

第四章　アッシリア、武装した強者

軍国主義者の盲目は、新約聖書の一つの有名な寓話のテーマになっている。

強い人が十分に武装して自分の邸宅を守っているかぎり、その持ち物は、安全である。しかし、もっと強い者が襲ってきて彼に打ち勝てば、その頼みにした武具を奪って、その分捕品を分けるのである。

〔ルカによる福音書第一一章第二一―二二節〕

軍国主義者は、あらゆる紛争が法律とか和解とかいった方法ではなくて、武力〔*manu militari*〕で解決されるような社会制度（ないし反社会的な制度）のなかで、身を処していく能力にはひどく自信をもっているので、暴力的な体制と組織ある平和な体制とがせりあって、そのいずれが勝つかわからない係争の場合には、一途に武力で決しようとする。その場合、剣の重みによって均衡が破れ、むかしながらの野蛮な手段をつづける方が有利になることはいうまでもない。そして軍国主義者は、またしても自分の意志をとおしえたことに有頂天になって、この今しがたの勝利をもって、剣が万能であることをしめす決定的な証拠だとする。ところが、つぎの段階においては、かれだけがもっぱら関心をもっている特殊な事例で、かれの個人的な命題の証明に失敗せざるをえない。というわけは、つぎにおこる出来事は、自分よりも強い軍国主義者によって、かれ自身が倒されるということであるからだ。軍国主義的な体制をながびかすことに成功はしたものの、かれの成功が、ついには、のどを切られると、どんな気持がするものかをかれ自身に思いしらすだろうことは、まず確かである。アズテク人やインカ人のことを考えてみるがいい。かれらは、それぞれの世界で、隣接する弱小国を情容赦もなく武力で屈服させてきた。だが、ついには、他の世界からやってきたスペインの征服者がかれらに襲いかかった。かれらは、スペインの征服者の武器には、とうてい太刀打ちできなかったので、撃滅された。われわれ自身のことをかんがえてみても、同様に啓発されるし、また益するところがきわめて多い。

ギリシア神話においては、クロノスにかんする伝説のなかに、「武装した強者」が、頑固に自分の主張をとおしたために、結局はわが身の上に災いがふりかかった、ということがえがかれている。クロノスは、残忍にもその父ウラノスを倒し、父にかわって宇宙を支配する。だが、結局は、こんどは、簒奪者たるかれ自身が、ウラノスの経験したと同じことを自分の息子ゼウスのために味わうほかはなかった。ゼウスはといえば、自分よりも賢明で高貴な他のもの〔プロメテウス〕の苦悩によって、おもいがけなく救われる軍国主義者としてえがかれている。このギリシア神話のプロメテウスがゼウスを救済したという話と好一対をなすのは、イエスが、ゲッセマネの園における決定的な瞬間に、軍国主義者の罪を犯したペテロを救った話である。

するとイエスと一緒にいた者のひとりが、手を伸ばして剣を抜き、そして大祭司のしもべに切りかかって、その片耳を切り落した。そこで、イエスは彼に言われた。「あなたの剣をもとの所におさめなさい。剣をとる者はみな、剣で滅びる」。

〔マタイによる福音書第二六章第五一―五二節〕

旧約聖書のなかのベネハダデとアハブの物語は、軍国主義者がみずから仕掛けた失敗なるものを描いた古典的な話である。ダマスコの王ベネハダデは、サマリアでイスラエルの王アハブを包囲した。その際に、その侵略者は、包囲した町に使者を送って、アハブのもっているものを全部さしだすように要求する。それにたいして、アハブは、おだやかに、「王、わが主よ、仰せのとおり、わたしと、わたしの持ち物は皆あなたのものです」〔列王記上第二〇章第四節〕と答えた。ところが、ベネハダデは、制し切れず、へりくだったこの敵に、もっともっと屈辱をあたえた。かれは、第二の使者を送り、やがて家来がやってきてアハブの邸を家探しして「すべて彼らの気にいる物を手に入れて奪い去るでしょう」〔同上、第六節〕ということを通告させる。そこでアハブは、第一の要求は受諾するが、第二の要求は受諾しかねる、と答える。そして、ベネハダデの第三の使者が、放火と殺りくをおこなう旨を通告したのにたいして、アハブは、「『武具を帯びる者は、それを脱ぐ者のように誇ってはならない』と告げなさい」〔同上第一一章〕と答える。その後、ベネハダデの望むところだが、アハブの意には反して、この二人の王のあいだの紛争は、激戦によって決せられることになる。だが、その戦闘では、侵略者の方が大敗北を喫してしまった。そこでベネハダデの家来は、粗布の服を身にまとい、くびになわをまいて〔悔悟のしるしをあらわす服装〕、以前とはまったく逆に、こんどは自分たちやその王が包囲されている町からでてきて、勝利者アハブのあわれみを乞う場面で、話が終わる。アハブは、二人の王の立場が急に逆になり、「主客転倒」したからといって、ベネハダデの過ちをうかうかと犯すようなことはなかった。アハブは、「あなたのしもべベネハダデがどうぞ、わたしの命を助けてくださいと申しています」という使者のことばに、「彼はまだ生きているのですか、彼はわたしの兄弟です」と答える。そして、アハブの指図によってベネハダデが丁重にアハブの面前につれてこられた際に、アハブは、ベネハダデがいそいで申しでたきわめて有利な条件で、悔いている敵と和をむすび、ただちにベネハダデを釈放してやる。

つぎに、アハブやベネハダデの時代に、シリア世界にその影を投げかけていたアッシリアの軍国主義の場合を考察してみよう。

紀元前六一四年から六一〇年のあいだにアッシリアの軍事的権力に終止符を打った災厄は、マケドニアの密集隊が紀元前一九七年と一六八年にこうむった災厄や、ローマ軍団が紀元前五三年と紀元後三七八年にこうむった災厄や、あるいはマムルーク〔朝、一二五〇—一五一七年〕が一五一六年から一五一七年にかけてと一七九八年とにこうむった災厄よりも、はるかに徹底的であった。マケドニアは、ピナドにおける災厄のために、政治的独立をうしなってしまった。ローマ帝国は、アドリアノープルで敗れはしたが、敗北した軍団を廃棄して、そのかわりに勝った敵にならって甲冑騎兵をつくり、この敗北を切り抜けた。エジプトの農民の背にのしかかっていたエジプト騎兵団マムルークの重圧をその肩から思い切りとり除くには、まずオスマン・トルコが加えた打撃を、こんどはフランス軍が反復する必要があった。ところで、エジプトの農民は、エジプト騎兵団やフランスやオスマン・トルコの支配下にあっても滅びることなく、なんとか生きのびてきた。一方、アッシリアの軍事的権力に終止符を打った災厄は、アッシリアの戦争機関を破壊したばかりか、アッシリア国をほろぼし、アッシリア人を絶滅してしまった。二千年以上も生存しつづけ、約二世紀半にわたって西南アジアにおいて次第に大きな支配的な役割を演じてきた一国家が、紀元前六一四年から六一〇年までのあいだに、ほとんど完全にまっ殺されてしまったのである。

むちの音がする。車輪のとどろく音が聞こえる。
かける馬があり、走る戦車がある。
騎兵は突撃し、
つるぎがきらめき、やりがひらめく。
殺される者はおびただしく、
しかばねは山をなす。

死体は数限りなく、人々はその死体につまずく。

……………………

アッスリア〔アッシリア〕の王よ、
あなたの牧者は眠り、あなたの貴族はまどろむ。
あなたの民は山の上に散らされ、
これを集める者はない。

〔ナホム書第三章第二―一八節〕

この場合には、結局はひじょうに正確に犠牲者たちの呪いどおりに事が成就し、生きのびた犠牲者たちは、圧政者アッシリアの没落を目のあたりにみたわけである。紀元前四〇一年に、小キュロス王のひきいる一万のギリシア傭兵が、クナクサの戦場からティグリス川谿谷をさかのぼって黒海沿岸へと退却しつつあったとき、かれらはカラやニネヴェの遺跡をつぎつぎとおりすぎて、おどろきの念に打たれた。それは、城塞の巨大さとか、それが占める面積の広さとかのためではなくて、むしろ、人間のつくったそのように巨大な建築物がいまは住むひともなく横たわっている光景をみたからである。その非情の耐久力が、もはや消えうせた、かつての生命力の強さを証明しているこの無人の城塞の無気味さは、ギリシア遠征軍に参加してその経験をくわしく記録した一文筆家〔クセノフォン〕によって、あざやかに伝えられている。しかも、近代西洋人がこのクセノフォンの物語〔アナバシス〕を読んでことさらにおどろかされることは、近代西洋考古学者の業績のおかげでアッシリアの歴史をすでに知っているから、クセノフォンがこれらの荒れはてた都市の神秘さによって想像力をはげしくゆりうごかされ、ひじょうな好奇心をよびさまされはしたものの、これらの都市の信ずるにたる歴史については、そのもっとも初歩的な事実すら知ることができなかったということである。エルサレムからアララート、およびエラムからリディアにいたる西南アジア全体が、これらの都市の支配者たちによって支配され、威かくされていたのは、クセノフォンがそこを通過する二百年ほどまえのことにすぎなかったのに、かれがギリシア軍の道案内をした地方人の言にもとづいて記したとおもわれる、諸都市にかんする最善の記録でさえも、きわめて荒唐無稽である。エジプトのピラミッド建設者についての記録は、ざっと二千五百年ほどのあいだ「民間伝承」という流れにとけて流れてきたのち、ヘロドトスの作品のなかにとり入れられたものであるが、クセノフォンの記録はそれ以上に荒唐無稽である。クセノフォンの伝えるところによると、カラとニネヴェはメディア人の都市であって、キュロスがアステュアゲスの手からメディア王国をうばおうとしたときに、ペルシア軍に包囲されたが、ペルシア軍が強襲しても占領できないことを知ってからのちは、不思議にも神の干渉によって人口が減ってしまった、とのことである。ゆきずりのギリシアの探求者クセノフォンの耳に入った、この場所にまつわる当時の伝承では、アッシリアという名前ですら、その第二や第三の都であった場所とは、関連がなかった。

ししのすみかはどこであるか。
若いししの穴はどこであるか。
そこに雄じしはその獲物を携え行き、
その子じしと共にいても、これを恐れさせる者はない。

〔ナホム書第二章第一一節〕

事実、この一万の軍隊はバビロニア＝スーサ街道にそったシタスでティグリス川を横断したのだが、そうしないで、もし川の右岸を北上していたならば、アッシリア人の最初の都でアッシリアという名のもととなったアッシュールの遺跡をとおりすぎたはずである。そして、そこでアッシリアという歴史的な名を冠することを忘れていない、あわれなる少数の人びとが、いぜんとして遺跡のあいだにひそんでいるのをみつけたことであろう。しかし、アッシュールの住民がのこした遺跡にかんする現代の考古学者の発見よりも、クセノフォンのカラやニネヴェにかんする荒唐無稽な物語の方が、「哲学的真実」に近い。なぜなら、紀元前六一四年から六一〇年にかけての破局は、事実上アッシリアを全滅させたからである。クセノフォンの時代のアケメネス帝国においては、残存するアッシリアの奴隷は、かつてアッシリアの軍国主義者たちがじゅうりんし、粉砕したとかんがえていた周囲の諸民族の残存者にくらべると、比較にならぬほど目だたぬ存在であった。アケメネス帝国は、ニネヴェやカラという名前も、それがどこにあったかということも忘れられていた時代に、アッシリアの侵入軍がかつて行ったこともないような遠い地点にまで、ほとんどあらゆる方面に強い支配の手をのばしていた。この帝国の首都スーサは、かつて紀元前六三九年ごろに、アッシュルバニパル王の軍隊に略奪されたことがある。この帝国の副都の一つはバビロンであったが、同地は紀元前六八九年にセナケリブ王によって略奪されたことがある。紀元前九世紀から七世紀にかけてはアッシリア軍によってたえずいためつけられ、捲きあげられていたフェニキアの諸都市国家ではあったが、このときはすでにシリア世界国家〔アケメネス帝国〕の自治をゆるされた成員となり、それに甘んじていた。そして以前にはアッシリアの槍によってめちゃくちゃにたたかれてきたと思われる奥地のシリアやヒッタイトのいくつかの国々でさえも、教主の支配する神殿国家というかたちで、かつての国家体制に似た様相をとどめようとはかっていた。事実上、アッシリアが没落してから二百年とたたないうちに、アッシリアの軍国主義者がおこなったことは、かつて他国のためになったということ、とりわけ、かれらが最大の憎悪をもって対処した人びとにひじょうにためになったということがあきらかになった。アッシリア人はザグロスやタウルスの山地に住む人びとを粉砕することによって、シメリアやスキタイの遊牧民がバビロニアやシリア世界におそいかかる道をひらいてやった。アッシリア人は、敗残のシリア人をアッシリア帝国の反対側の端に移住させたが、これは、アッシリア自身が属しているバビロニア社会をシリア社会でとりかこませることとなり、結局はバビロニア社会をシリア社会へ同化させる立場に、シリア社会をおいたことになった。かれらは、力ずくで西南アジアの中心部を政治的に統一することによって、その「後継諸国家」、すなわち、メディア、バビロニア、エジプト、リディアのために、また、これらの国家のどれもに共通な後継者であるアケメネス帝国のためにお膳立てをしてくれたことになる。以上の比較・対照からわかるように、長期にわたるアッシリアの暴力行為の結果からみると、怪物アッシリアがその被害者よりももっとひどく失敗したのは一体なぜであろうか。

その犠牲者たちはといえば、そのことをあとからかえりみて、このおどろくべき「主客転倒」を、「神々の嫉妬」ということからしか説明することができなかった。

見よ、わたしはあなた〔アッシリア〕を
レバノンの香柏のようにする。
麗しき枝と森の陰があり、たけが高く、
その頂は雲の中にある。
……………
神の園の香柏も、これと競うことはできない。
もみの木もその枝葉に及ばない。
けやきもその枝葉に及ばない。

神の園のすべての木も、その麗しきこと、
これに比すべきものはない。
わたしはその枝を多くして、これを美しくした。
神の園にあるエデンの木は皆
これをうらやんだ。

それゆえ、主なる神はこう言われる、これは、たけが高くなり、その頂を雲の中におき、その心が高ぶりおごるゆえ、わたしはこれを、もろもろの国民の力ある者の手に渡す。彼はこれに対してその悪のために正しい処置をとる。わたしはこれを追い出した。もろもろの国民の最も恐れている異邦人はこれを切り倒して捨てる。その枝はもろもろの山と、すべての谷とに落ち、その枝葉は砕けて、地のすべての流れにあり、地のすべての民は、その陰を離れて、これを捨てる。

〔エゼキエル書第三一章第三—一二節〕

この場合、「神々の嫉妬」の業を、いためつけられた人間自身の行動というふうに解釈できないであろうか。一見したところでは、アッシリアの運命は、理解しがたいようにおもえる。なぜなら、マケドニア人やローマ人やマムルークの破滅の原因は、「オールを休めた」という受動的な不心得のゆえだとしてもよいが、アッシリアの軍国主義者がこの過ちを犯したとはいえないからである。マムルークやローマ人やマケドニアの戦争機関が致命的な災いにあったとき、そのどれもが久しい以前から止ったままで、絶望的なほど古くさく、ぞっとするほどこわれたままであった。他方、アッシリアの戦争機関は、最後にこうむった災厄が徹底的であった点で他と異なっているが、つぎの点においても他の戦争機関と異なっていた。すなわち、以上にのべたこととは逆のようにおもえるかもしれないが、アッシリアの戦争機関は、その破滅の日まで、たえず十分に手入れされ、改善され、補強されてきた。アッシリアの軍事的な才能は、アッシリアが西南アジアで優位に立とうとしてのり出してくる前夜にあたる紀元前十四世紀には、甲冑歩兵の萌芽的なものを生みだしたし、またアッシリア自身が絶滅する前夜の紀元前七世紀には、甲冑騎馬弓兵の萌芽的なものをつくりだしており、前後七百年にわたってつぎつぎとあたらしいものをつくりつづけた。そしてアッシリアの軍国主義は、四回の歴史的な戦争において世界に威力をしめしたが、とりわけ、その最後の激戦の最中にも新兵器をぞくぞくとつくりだした。後期アッシリア人の気風が戦争技術に適用されると、どういう工合になるかを、精力的な創意と改良へのやむことのない熱意がしめしている。この創意や熱意は、王宮の遺跡にみいだされる一連の薄浮彫りでもって申し分なく立証することができる。これらの浮彫りには、アッシリア史の最後の三百年間にわたるアッシリアの軍備と技術の諸段階が、時代を追って順次に、注意ぶかい正確さでもって、ごく細部にいたるまで、絵画的に記録されている。

この証拠にもとづいて、第三回目の戦争の末期、すなわち、紀元前八二五年ごろと、それからちょうど二百年ほどあとの第四回目の戦争とのあいだに、つぎのような改良がおこなわれたことを知ることができる。アッシュルバニパルの時代の騎馬兵は、あきらかに遊牧民のまねをして、歩兵用の楯という邪魔物をもったまま馬にのっていたが、それが楯をすてて、そのかわりにしなやかな胴よろいをつける初期の甲冑騎兵にかわった。このよろいをつけた騎兵の装備が可能になったのは、胴よろい自体の形状と材料に改良が加えられたためである。それ以前には、胴よろいは、くびからひざに達する不恰好な綿入れか、なめし革製のながそでの着物であったが、こんどは、金属製の細片でできた腰までのものとなり、以前の胴よろいの代わりとなった。そこで、むきだしになった騎兵の足は、ももに達するくつしたとふくらはぎに達するながぐつで保護された。また、このはきもののおかげで、歩兵は、はだしかサンダルをはいていた時代よりも、はるかに容易に、起伏の多い地方で行動することができるようになった。それと同じ時期に、戦車にも多くの改良がほどこされた。たとえば、車輪の直径が大きくなり、車体の側面がたかくなり、乗員の数がふえた。騎者と射手だけだったのが、二、三人の楯もちをも乗せるようになったわけである。徒歩の射手が矢を射る際にまえにたてる小枝であんだ遮蔽物のかたちも改良された。だが、なかでも一番大きな改良は、われわれが薄浮彫りにえがかれた絵画的な証拠から知りうるものではなく、碑文の文字から知りうるものである。この最大の改良とは、常備近衛兵の制度である。おそらくこれは、ティグラート・ピレセル三世（在位紀元前七四四―七二七年）か、それともサルゴン（在位紀元前七二二―七〇五年）がはじめたものであろう。以前には、アッシリア王は野戦軍の補充を国民兵に仰いでいた。だが、この常備軍は、国民軍のかわりとしてではなくて、その中核の役割を演じた。それでも常備軍の創設が、アッシリアの軍事能力の一般的水準をたかめずにはおかなかったし、さきにのべたいろいろな技術的改良が最大の効果を発揮できるようにしたことは確かである。

アッシュルバニパル（在位紀元前六六八—六二七年頃）の時代、すなわち、大破局の前夜までには、アッシリア軍は、二世紀にわたるたえまない戦争技術の進歩のおかげで、多くの専門化した軍隊に科学的に分化するとともに、あらゆる任務を遂行するそなえができていた。戦車隊や半甲冑騎馬弓兵があり、かぶとからながぐつにいたる重武装をつけた徒歩弓兵があり、ターバンと腰布とサンダルだけという軽装の命がけの徒歩弓兵があり、重武装の徒歩弓兵と装備は同じであるが弓矢を槍と楯にかえた甲冑歩兵があり、また、それと同じように槍と楯をもってはいるが、胴よろいのかわりに肩からななめにかけた革ひもでとめた胸あてをつけた軽装兵もあった。さらに、工兵隊もいたこととおもわれる。なぜなら、たしかに攻城車というもの（もちろん、これは弩砲ではなくて、破城槌や移動やぐらである）があったからである。アッシリアの作戦指揮者は、こういう道具をつかって敵の城塞の壁を打ちやぶったのちに、弓兵の大軍が一斉に射る矢でなだれこむ味方をえん護するという戦法をしっていた。アッシリア軍は、このような装備をそなえていたので、攻城作戦や山岳戦や平地における激戦のいずれにも応じうる用意があった。さらにかれらは、技術面で積極的であったと同様に、戦略・戦術の面においても積極的であった。アッシリア人は、攻撃こそはなにものにもまさるということをかたく確信していた。

その中には疲れる者も、つまずく者もなく、
まどろむ者も、眠る者もない。
その腰はとけず、
そのくつのひもは切れていない。
その矢は鋭く、その弓はことごとく張り、
その馬のひづめは火打石のように、
その車の輪はつむじ風のように、思われる。
そのほえることは、ししのように、
若いししのようにほえ、
うなって獲物を捕え、
かすめ去っても救う者がない。

〔イザヤ書第五章第二七―九節〕

これが、末期にいたるまでのアッシリア軍の精神であった。この精神は、アッシリア軍がすでに帝国の首都を急襲によって占領され、せん滅されながら、無意味なたたかいをつづけていた紀元前六〇一年のハラン遠征が、みずから語っているとおりである。全滅前夜のアッシリア軍の状

態は、紀元前一六八年のマケドニア軍や紀元後三七八年のローマ軍や紀元後一七九八年のマムルークの状態とはまったくちがうことがあきらかであろう。では、なぜアッシリア軍は他の軍隊よりもいっそう恐ろしい災厄をこうむったのであろうか。その答は、ほかならぬアッシリア軍の精神が積極的であったばかりに、かえってアッシリアに悲運がついにせまってきたとき、それをいっそう深刻なものにした、ということである。

まず、休みなしの攻撃政策と、その政策を有効にする有力な手段の所有、この二つのためにアッシリアの武将たちは、その軍国主義の第四回目の発作にあたる最後の戦争において、かれらの祖先が厳守していた限界をはるかにこえて冒険的なくわだてを敢行した。アッシリアが、一方では、ザグロスとタウルスの山地に住む蛮族に対抗し、他方では、シリア文明の先駆者であるアラム人に対抗して、バビロニア世界の辺境地域の見張人という役割をはたすためには、その軍事的資源をたえず重視した。アッシリアは、その軍国主義のさきの三回の戦争においては、この二つの前線で、防禦から攻撃に転ずる場合には、攻撃を極端なまでに押しすすめず、兵力を他の方面に分散させない程度で満足していた。とはいうものの、紀元前九世紀の中期の五十年間を占めた第三回目の戦争は、シリアにおいて、シリア諸国家の一時的な連合を招来して、このためにアッシリアの前進は紀元前八五三年にカルカルにおいて阻止された。また、アルメニアにおいては、ウラルト王国の建国というきわめて強力な反撃をくらった。この王国は、従来は野蛮な強国であったのが、アッシリアの侵略に同じ条件で対抗できるだけのそなえをととのえるために、アッシリア文化を借用した。こういう警告がごく最近になされたにもかかわらず、ティグラート・ピレセル三世（在位紀元前七四四―七二七年）は、軽率にもアッシリア軍が最後の、そして最大の攻撃を開始する際に、政治的野心をいだき、軍事的目的を達成しようとした。そのために、アッシリアは、あたらしい三つの敵と衝突することになった。この三つの敵とは、バビロニアとエラムとエジプトであるが、それらはいずれも潜在的にアッシリア自体にまさるともおとらぬ大きな強国であった。

ティグラート・ピレセルは、シリアの群小国家の征服を完成しようとした際に、エジプトとの衝突という課題をかれの後継者たちにのこすこととなった。なぜなら、エジプトは、アッシリア帝国がエジプトのアジアにおける国境にまで拡大してくることに無関心たりえなかったからである。そして、エジプトは、アッシリア帝国建設者がエジプト自体をも従属させるというひじょうに困難なくわだてに乗りだし、それによってその事業を完成しようと決心しないかぎりは、またそう決心するまでは、アッシリア帝国建設者の事業を頓挫させるか、ないしは水泡に帰せしめうる立場にあった。ティグラート・ピレセルが紀元前七三四年にフィリスティア〔ペリシテ〕を大胆にも占領したことは、戦略的な一大痛撃であって、その結果、七三三年にはサマリアが一時的に服従したし、七三二年にはダマスクス〔ダマスコ〕が陥落した。しかし、そのために、シリア＝エジプト国境で、七二〇年にはサルゴンが、また七〇〇年にはセナケリブが、それぞれエジプト軍と小ぜりあいを演じている。そして、このような結末のつかない出会いのせいで、こんどは六七五年、六七四年、六七一年の戦いで、エサルハドンがデルタ地帯からテバイ〔テーベ〕をふくむエジプトを征服し、占領することになった。そこであきらかになったことは、アッシリアがエジプト軍を敗走させてエジプトの土地を占領し、しかも何回でもそういった行動をくり返しうるほど強力ではあったが、エジプトを抑えつけておけるほど強力ではなかった、ということである。エサルハドンは、六六九年に、もう一度、みずからエジプトめざして進軍中に死に見舞われた。そして、そのときに起ったエジプトの反乱は、六六七年にアッシュルバニパルによって首尾よく平定されはしたが、かれは六六三年にもう一度エジプトを再征服しなければならなかった。このころまでには、アッシリア政府自体も、エジプト問題は「プシュケ（サイキー）の骨折り仕事」〔プシュケはギリシア神話の心の化身せる女神で、美しさのためにいろいろな労役を課せられた〕のようなものだということを悟っていたにちがいない。だから、六五八年から六五一年にかけてプサメティコス〔第二六王朝初代の王〕がアッシリアの駐留軍を目だたないように追いだしたときには、アッシュルバニパルはその事件には知らぬふりをしていた。アッシリア王がこのようにエジプトの喪失を無視したことは、たしかに賢明であった。しかし、事件が勃発してからしめされたこの英知は、五回にわたるエジプト遠征についやされた精力が浪費におわったということの告白にほかならない。そして、アッシュルバニパルが撤退しても、六七五年当時の状態には復しなかった。なぜなら、紀元前七世紀の五十年代にエジプトを喪失したことは、つぎの世代にシリアをうしなう序曲であったからである。

ティグラート・ピレセルがバビロニアへ干渉したことの究極的な結果は、シリアにおけるかれの積極政策がもたらした結果よりも、はるかに重大であった。なぜなら、それは、因果関係の直接のつながりによって、紀元前六一四年から六一〇年にかけての破局につながっていたからである。

アッシリアが紀元前七四五年にバビロニア地方に侵略したことは、アッシリアとバビロニアのあいだに締結されていた条約に矛盾しないとかんがえることはむずかしかったにちがいない。両国は、紀元前八世紀のはじめに友好的な協定をむすんで、両国間の国境を定めていた。しかも、この国境線は、あきらかにアッシリア側に有利なようにとりきめられていた。おそらくティグラート・ピレセルは、バビロニアの陥っている無政府状態が、アッシリア側に拡がってきているという理由から、自分の行動を正当化したとかんがえられる。そしてかれは、バビロニアに軍をすすめたのちに、バビロンの市民からある種の委任状を受けたらしくおもわれる。かれらバビロン市民は、かれらと同質の文化を有している隣国の定住王国の元首が、自分たちの市民生活をおそらく同地方のアラムやカルデアの遊牧民の勃興からまもってくれるであろうとかんがえた。また、ティグラート・ピレセルやその後継者たちが、バビロニアにおけるアッシリアの行動を最小限にとどめて、同地の併合をさしひかえることをこころから切望していたということも真実であるかもしれない。ティグラート・ピレセルは、紀元前七四五年に、バビロニア王のナボポラッサルを王位につかせたままにしておいた。そして、ティグラート・ピレセルが七二九年にバビロニアを討ったのは、十一年後にナボポラッサルが死に、その結果おこった、アッシリアの保護政治にたいするカルデア部族の反乱を平定してからのことにすぎない。シャルマナサル五世も、この先例にしたがったが、その後継者サルゴンは、この例にしたがわなかった。ところが、カルデア人の第二回目のひじょうに重大な反乱が起こった際には、サルゴンもこんどは七一〇年にバビロニアを討たざるをえなかった。そして、そのときでさえも、このアッシリアの勝者は、打ちまかしたカルデアの反乱軍の将メロダク・バラダンと折り合おうとした。その後、セナケリブは、七〇五年に父サルゴンのあとをついだときに、わざとバビロニア王位につくことをさしひかえた。そして、七〇三年にカルデア人のあらたな反乱のためにバビロニアに介入せざるをえなくなったときでさえも、バビロニア王位をまずアッシリア化したバビロニアの王侯の一人にあたえ、ついでアッシリア王位の継承者でないアッシリアの一王侯にあたえるようなことをしている。セナケリブが、正式にバビロニアの独立に終止符を打って、自分の息子である皇太子のエサル・ハッドンをアッシリア総督に任じたのは、六九四年から六八九年にかけての大反乱以後のことにすぎない。

これらの事実は、たしかにバビロニアにたいするアッシリアの温和政策を立証するかのようにおもえるが、さらにそれ以上に、その政策が失敗であったという決定的な証拠にもなりうる。アッシリア政府は、カルデア人の反乱に再三再四手こずらされたが、この反乱は、アッシリア人の一貫した忍耐のために、いっそうひんぱんになり、またいっそう手ごわくなった。そして、アッシリアの介入は、たしかにバビロニアの混乱状態に秩序をもたらすという奇跡をおこないはしたが、この秩序は、アッシリアの保護のもとで達成されたものではなくて、徐々に規模を拡大し、敗北にもめげずにさかんになっていった反アッシリア運動の副産物にほかならなかった。

　この反アッシリア運動は、一世紀のあいだつづき、メディアとバビロニアの一大同盟で頂点に達した。その第一段階は、ビト・ヤキン公国の王メロダク・バラダンの指導のもとに、紀元前七三一年から七二一年にかけて、バビロニアの全カルデア部族が政治的に統一したことである。第二段階は、カルデア人とエラム王国との同盟であった。この王国の政府は、ティグラート・ピレセルがバビロニアに介入したために、重大な脅威にさらされていた。それは、ちょうどエジプト人が、ティグラート・ピレセルのフィリスティア〔ペリシテ〕侵入によって、危険を感じていたのと同じである。このエラム王国との同盟のおかげで、メロダク・バラダンは、七二一年にバビロン市に入り、ほぼ十二年のあいだバビロニア王としてその地に君臨することができた。もっとも、この段階では、バビロン市民は、外来の定住的な強国の統治の方が地方的な遊牧民〔カルデア人〕の統治よりもわずらわしくないと感じていたことは否定できない。メロダク・バラダンの生涯は、七一〇年にサルゴンの軍隊のためにバビロンから追いだされたときに終わったのではない。この不屈のカルデア人〔メロダク・バラダン〕は、七〇五年にアッシリアの征服者〔サルゴン〕が死んだのちに、シャーミーヤとハマダンのアラブ人と手をむすび、これらアラブ人の土地をこえてさらにかなたの、同じくアッシリアの敵たるユダヤ王ヒゼキアのもとにまで使節を派遣している。その後、七〇三年に、メロダク・バラダンは、エラム同盟軍の援助によってバビロンをふたたび占領することに成功した。そしてその年が終わらぬうちに、またしてもアッシリア軍のために追いだされ、その数年後には亡命者としてエラムで死んだ。けれども、このカルデア人の指導者をとり除いたところで、アッシリア政府はすこしもカルデア問題の解決に近づいたわけではない。なぜなら、カルデア部族民はいぜんとしてエラムの援助をえて、かれらの息の根をとめようとするセナケリブの努力を阻止することに成功したからである。このアッシリアの武将〔セナケリブ〕がバビロニア本土内のカルデア部族の領土を占領し、じゅうりんしたとき、かれらはペルシア湾頭の泥沼地帯に逃げこんだ。セナケリブは、六九四年にティグリス川に艦隊を浮べ、フェニキア人をその乗組員とし、これにアッシリア軍を乗艦させて、水陸両用作戦により水上の機動性を発揮してカルデア軍を全滅させようとした。だが、このくわだては、ただたんに、エラム人が、アッシリアの輸送線を衝き、バビロンに入城し、そしてバビロニアのかいらい王をとりこにして拉し去れる機会をあたえたにすぎない。セナケリブは、そのおかえしに、翌年、エラム軍を撃破し、こんどは逆にエラム人が押したてていたバビロニアのかいらい王をとりこにしたが、これはなんの得にもならなかった。なぜなら、セナケリブは、バビロンをもう一度占領することができなかったからである。そこで、空位となったバビロニア王の地位には、ムシェジブ・マルドゥクというすぐれた人物がつき、かれはバビロン市民にその親アッシリア政策をすてさせることに成功する。

このように、紀元前六九三年にバビロン市がアッシリア側からカルデア＝エラム陣営に寝返ったことは、反アッシリア戦線を築きあげるながい過程の途上におけるきわめて重要な事件だとかんがえられよう。アッシリア軍は、いつものごとく、カルデア＝エラム連合軍にたいして、勝利を収め、ついには六八九年にバビロンを略奪してバビロンに教訓をあたえたが、バビロンが学んだ教訓は、アッシリアがあたえんとした教訓とはまったく反対のものであった。アッシリア人は、世界の文化的中心たる都市〔バビロン〕にこのような不遜な暴行を働くことによって、バビロニアにおいて、バビロニア人が自身ではけっしてなしえなかったような政治的な錬金術を見事にやってのけた。すなわち、このアッシリア人の「恐怖政治」は、ふるくからの都市の住民はもとより、侵入してきた遊牧民のあいだにも共通の憎悪の念をかきたてた。そして、この憎悪の白熱によって、市民と部族民とは、これまでかれらをひき裂いていたお互いの反感を忘れ去り、新しいバビロニア国民として融合した。かれらは、アッシリア人からこうむった苦難を忘れもしなければ許しもせず、この圧制者を屈服させるまでは断じて安んずることができなくなった。

これは、ティグラート・ピレセル三世がはからずも紀元前七四五年に開始したながい悲劇的な過程の最後から二番目の段階にあらわれた現象である。この段階では、バビロニアの反アッシリア感情はきわめて強烈であった。当時のバビロニア王はアッシリア出身の貴族で、無理やりにバビロニアの王位につけられたのであり、じつはアッシリア王の弟にほかならなかったが、バビロニアの反アッシリア感情は、この王を支配し、その意図をねじ曲げることができたほど強烈であった。六五四年ごろ、バビロニア王や、バビロニアの辺境地帯のカルデア諸部族とアラム諸部族や、エラム王国や、北アラブ人や、南シリアの諸公国や、エジプトにたいするアッシリアの支配が消滅したのちにあらたにできた「後継国家」などの国々が、連合してアッシリア帝国に敵対したために、アッシュルバニパルは、帝国の存在がおびやかされていることを知った。この反アッシリア勢力の連合は、かつてメロダク・バラダンやムシェジーブ・マルドゥクがつくったものよりもはるかに広範囲なもので、その指揮者は、アッシュルバニパル王の兄のシャマシュ・シュム・ウキーンであった。シャマシュ・シューム・ウキーンは、過去十五年のあいだ、父エサルハドンの政治的な遺志をうけついで、アッシュルバニパルの好意によって平和裡にバビロニアの王位についていた。このことからかんがえると、かれの行動は、きわめてただならぬことのようにおもわれる。さらにまた、反乱軍の旗頭であり、主だった同盟国であるエラムは、かれがこの一大ばくちにのりだす前年に、アッシリア軍によっていまだかつてこうむったことがないほどの大敗北を喫したばかりのはずである。この敗戦では、王と王位継承者が戦死し、またその王都が二つとも占領されている。こういった事実は、シャマシュ・シューム・ウキーンをなびかせたバビロニア国民運動の強さをしめしてあまりがある。

アッシリア軍は、この危機に際して、ふたたび勝利を収めた。反逆者シャマシュ・シューム・ウキーンは、紀元前六四八年にバビロンが兵糧攻めにあって降伏した際に、宮殿でもえる火中に身を投じて自殺し、それ以上の悪運にみまわれることを避けた。エラムは、六三九年にアッシリア軍のために全滅にひとしい打撃をこうむり、そのためにエラムが手放した領土は、東部の背後地からきたペルシアの高地住民の支配するところとなり、一世紀後には、アケメネス朝がその地を跳躍台として、空白になっていた全西南アジアの支配者の地位につくにいたる。しかしながら、バビロニアの国民主義者は、六五四年から六三九年にかけての戦争のために、アッシリア王の兄とエラムという手段をこのようにうしないはしたが、このために、バビロニア国民運動それ自体は、目的を達することができなくなったわけではない。アケメネス朝が、紀元前六世紀になって、西南アジアの支配者がいないことを知ったのは、紀元前七世紀の末までに支配者アッシリアがついに支配の座から投げだされてしまったからにほかならない。バビロニアは、六二六年にアッシュルバニパルが死んだその直後に、あたらしい国民的指導者にひきいられてふたたび反乱を起こしている。そして、この指導者ナボポラッサルは、メロダク・バラダンが着手した事業を完成した。かれは、新王国メディア国が、すでに消滅したエラム王国のかわりとしてきわめて強力な同盟国たりうることを知った。そして、六五四年から六三九年にかけての戦争の痛手から回復していなかったアッシリアは、六一四年から六一〇年にかけての戦争でまっ殺されてしまった。アッシリアは、そのときでさえ、そのどたん場においてさえも、戦場では勝利を収めることができた。アッシリア軍は、かつてアッシリアの奴隷であったが、いまは後援者であるサイス人〔エジプトの第二六王朝—プサメティコス一世〕の援助によって、六一〇年にバビロニア軍をハランへ追い返した。それは、このせん滅戦において、ニネヴェやアッシュールはもちろんのこと、ハランさえもすでに略奪・じゅうりんされつくし、本土ではアッシリア軍が、まだ征服されていない最後の片すみで、エウフラテス川を背にしてたたかいつづけているときのことであった。しかし、この最後の勝利が、アッシリア軍の断末魔のあがきであったにちがいない。なぜなら、これは、アッシリア軍の年代記に記されている最後の出来事にほかならないからである。

この一世紀半にわたる戦争は、紀元前七四五年のティグラート・ピレセル三世のアッシリア王即位とともにはじまり、六〇五年のカルケミシュにおけるバビロニア王ネブカドネザルのエジプト王ネコにたいする勝利をもって終りを告げたが、その間にひじょうな猛威をふるったこの戦争をふり返ってみると、一見もっともきわだってみえる顕著な、歴史上の標識は、つづけざまの「ノック・アウトの打撃」というものである。アッシリアは、この打撃によって、諸都市をことごとく破壊し、全住民をとりことしてつれ去るなどして、ありとあらゆる国々《コンミュニティ》をむちゃくちゃにしてしまった。たとえば、七三年のダマスクスの略奪、七二二年のサマリアの略奪、七一四年のムサシルの略奪、六八九年のバビロンの略奪、六七七年のシドンの略奪、六七一年のメンフィスの略奪、六六三年のテバイの略奪、六三九年ごろのスーサの略奪などが、それである。六一二年にニネヴェ自体が略奪される前夜に、まだ手がつけられていなかった都市は、アッシリア軍の手のとどく範囲内にあったすべての国の首都のなかでは、わずかにティルス〔ツロ〕とエルサレムだけであった。アッシリアが近隣の諸国にあたえた損害と悲惨さは、はかりしれない。アッシリアの武将どもは、後世に教訓をたれるつもりで、自分たちの行為について恥しらずにも残忍な、そして、おめでたくもうぬぼれあがった記録をのこしている。しかしながら、アッシリアの軍事的諸活動を批評する言葉としては、このような記録よりも、むしろもったいぶった教師がむちで生徒をたたきながらいったとかいう「おまえより、わしの方がつらいんだぞ〔痛いんだぞ *It hurts you less than it hurts me*〕」

という小言の方が適切であろう。

国外での勝利にかんするアッシリアの詳細で大げさな記録を、意義ぶかく補足しているものは、国内問題にかんするごくわずかな短い記録である。われわれは、それらによって、勝利をえるための代価がどんなものであったかを、おぼろげながら知ることができる。そして、アッシリアの軍事的権力が絶頂をきわめていたころの国内の年代記をしらべてみると、結局のところアッシリアの勝利がその死の原因になったということが、妙だとはもうおもわないだろう。

軍事的なりきみが次第に度をこすにつれて、そのむくいとして王室内の反乱や農民一揆が次第にひんぱんとなっていった。はやくも紀元前九世紀の二番目の侵略戦争がおわったころには、すでにシャルマナサル三世は、子にそむかれ、紀元前八二七年〔八二二年?〕にニネヴェやアッシュールやアルベラが反乱を起こしている最中に亡くなっている。アッシュールは七六三年から七六二年にかけてふたたび反乱をおこし、アッラプカは七六一年から七六〇年にかけて、またゴザンは七五九年に、それぞれ反乱を起こしている。そして、七四六年には当時のアッシリアの首都であるカラーの反乱によって、当時の王朝は根こそぎにされている。ティグラート・ピレセル三世（在位紀元前七四四—七二七年）は、いわゆる「なりあがり者」であって、歴史的な名前という借り着のしたに自分の出所をかくしおおすことはできなかった。そして、もしかれがアッシリアのマリウス〔ローマの将軍、平民党の首領〕であったとするなら、ローマの場合から類推すれば、職業的常備軍を設置したことは、〔バビロニア〕社会の解体がかなりすすんだ段階の徴候とみなすことができる。マリウス時代のイタリアで常備軍の設置が可能となり、また必要とされた理由は、好戦的な農民層が没落したからにほかならないことをわれわれは知っている。その当時、農民層は、次第に遠隔の地におよぶ遠征のため、のべつに軍務に服することを命ぜられたので、土地から切り離されてしまっていた。そこで、常備軍を設置することが可能となったのは、失業している「人的資源の貯蔵」を吸いあげることができたからであり、またそれが必要となったのは、土地から生計をえることができなくなった連中が、自分たちの不幸とえん恨のはけ口を革命にみいだすことのないように、これを抑えるために、どうしても農業にかわるべき仕事をあたえてやらねばならなかったからである。アッシリアの常備軍の設置も、これと同じ社会問題にたいして、同じ軍事的解決をみいだそうとする、並行した試みであることをわれわれは見抜けるだろう。しかしながら、この軍事的解決は、マリウスがイタリアの動乱を鎮めえなかったと同様に、ティグラート・ピレセルがアッシリアの動乱を鎮める方法とはなりえなかった。ティグラート・ピレセルの後継者であるシャルマナサル五世（在位紀元前七二七―七二二年）は、ティグラート・ピレセル以前の諸王と同様に、アッシュール市と衝突したようである。セナケリブは、紀元前六八一年に、バビロニアの国民主義者と結托していたらしい自分の子の一人に殺されている。また、六五四年には、反アッシリア連合の首領となったバビロニア王シャマシュ・シューム・ウキーンの行動によって、この反逆者たるアッシリア貴族の弟にあたるアッシュルバニパルの王位と帝国が、どんなにおびやかされているかをわれわれはすでにみた。これによって、国内の鬱血状態と対外的な戦争という二つの流れが合流する。この流れは、アッシュルバニパルの死後には大河となり、その奔流はアッシリアをばもう避けることのできない悲運の方向に押し流す。アッシリア史の末期においては、アッシリア解体の国内的様相と対外的様相とを区別することは、きわめて困難である。

近づきつつある悲運は、晩年のアッシュルバニパル自身の魂のうえに、その影を投げかけていた。

死者に供え物をし、わたしの祖先の諸王の亡霊に神酒をささげる慣例は、久しくおこなわれなかったが、わたしはこれを復活した。わたしは、神と人、死んだ者と生きている者によくつくした。それなのに、わたしはなぜ病気や不健康や不幸や不運に見まわれるのであろうか。わたしは国内の争いや家族の不和をしずめることができない。心をかきむしる醜聞がたえずわたしをふさぎ込ませ、心と身の不幸がわたしを挫けさせる。わたしは、悲しみの呼び声をあげつつ死んでいく。わたしは、氏神の日に、祭りの日に、みじめなのだ。死がわたしをとらえて、打ちのめそうとしている。わたしは、夜も昼もなげき悲しんでいたく泣く。「おお神よ、信仰のうすい者にもあなたの光をあたえたまえ」とわたしはうめく。神よ、あなたは、いつまでわたしをこんなふうにあしらいなさるのであろうか。わたしは、神々をおそれたことのない者のひとりにかぞえられているのであろうか。

この告白は、紋切り型でない点で注目に値し、その誠実さは感動的であり、その困りきった様子は悲そうでさえある。しかし、それは、とくにその盲目の点で、われわれに啓発的である。アッシリアの武将の殿将であるアッシュルバニパルがこのような気分にとらわれたとき、かれは、アッシリア軍が略奪した都市とか殺した人びとの恐るべき目録を、無言で口ずさびはしなかったであろうか。その一覧表の終りのところにアッシュルバニパル自身によるスーサの略奪や、エラムの絶滅があった。それとも、かれにはこの記憶の重荷があまりにも耐えがたいので、苦しみもだえるこの軍国主義者は、それがかれを押しつぶしそうになるごとに、死物狂いになって、その重荷をはらいのけたであろうか。それはさておくとしても、かれの後継者であるシン・シャン・イシュクンには、つきまとうこれらの思い出に迫られ、それをこばむことのできない瞬間があったにちがいない。それは、ちょうどアテネ人が、アイゴスポタモイの敗戦の報に接した際に、それまでに犯したかれらの非行の亡霊にとりつかれたのと同じである。

アテネでは、その災厄は、パラルス号の到着によって報ぜられた。そして、そのしらせが口から口へと伝わるにつれて、なげきかなしむ声がペイラエウス港から長壁をとおり抜けて市内にひろまった。その夜は、だれ一人ねむらなかった。死者をいたむとともに、かれらみずからのためにいっそうはげしくかなしんだ。なぜなら、かれらは、メリアの都市を包囲して占領した際に、メリア人（ラケダイモン人〔スパルタ人〕の移住民）に加えた運命をはじめ、ヒスティア人、キオス人、トロニア人、エギナ人などの多くのギリシア人に加えた運命を、自分たちもこうむらざるをえないと考えたからである。かれらは、その翌朝、集会をひらいて、一港をのこして他の港をことごとく閉じてしまい、戦闘にそなえてとりでをとりかたづけ、そこに軍隊を配置し、万一の籠城にそなえて都市を完全な防衛体制下におくことに決定した。

アテネの民衆が紀元前四〇五年のこのおそろしい瞬間に感じ、行動したと同じように、最後のアッシリア王も紀元前六一二年にそう感じて行動したにちがいない。かれは、紀元前六一二年に、現世における救いの最後のたのみのつなであったスキタイ人の同盟国が敵側につき、敵の連合軍が破竹のいきおいでニネヴェにせまりつつあるとのしらせをうけとったのである。もちろん、これからあとの事情は、アテネと同じではない。アテネの民衆は降伏し、勝者〔スパルタ〕の寛大さによって許されたが、ニネヴェのシン・シャン・イシュクンは、敵の包囲に耐えて、悲劇的な最後をとげるまでもちこたえ、第三回目の総攻撃で同市が強襲されたときに自分の人民と運命をともにしている。このように、アッシュルバニパルが軽視していた悲運が、その後継者を押しつぶしてしまった。この悲運は、アッシュルバニパルがおそまきながら悔い改めても、戦争の仕事から平和の技術へといくらか改宗しても、さけることができなかった。ニネヴェには、アッシュルバニパルが蒐集したバビロニア文学にかんする文献の図書館がある（これは、アッシリア軍国主義が枯渇させた文化にかんするアッシリアの博物館というべきものである）。また、同地には、精巧な薄浮彫りがある（これは、当時のアッシリアの芸術家の手になるもので、アッシリアの軍事技術によって人間や動物が科学的に殺りくされる有様をえがいたものである）。こういったもののために、同地はすでに紀元前六一二年には一つの宝庫のごとき感を呈していた。これは、紀元前四〇五年から四〇四年ごろのアテネとは、まったく比較にならない。ニネヴェの宝物は、その廃墟の下に埋められていたが、はるかにのちの時代になって、バビロニア社会をその祖先とはかんがえない一文明〔近代西洋文明〕の最盛期になって、はるか後の子孫の宝となった。だが、アテネが生きのこったのに、ニネヴェは亡びてしまった。それは、アッシリアが実質的に破滅する以前にすでに自殺していたからである。アッシリアが一国家として存在した最後の百五十年間には、アッシリア本国においては、土着のアッカド語にかわってアラム語が進出したことが、はっきりと証明されているが、事実は、アッシリアの軍事的権力が絶頂にあった時代に、アッシリア人の弓と槍でとらえられた人びとが、平和裡にアッシリア人にとってかわりつつあったことをしめしている。軍国主義が支払わねばならない代価は、人口減少であった。そしてそれは、究極的には、アッシリア社会体の残りのものにとっても、同じようにアッシリア軍にとっても、破滅的な代価であった。六一二年に、ニネヴェに追いつめられて敵の攻撃の矢おもてにたった頑強な戦士は、「よろいをまとったしかばね」であって、その身は装具の厚さによって支えられて立っていたにすぎず、そのなかでこの自殺者はすでに窒息死していた。メディアとバビロニアの攻撃軍は、このこわばったおそろしい戦士のところへ殺到し、これを破壊されたレンガの堆積の上から下の堀へと物音すさまじく落ちこませたが、このとき、この攻撃軍の連中は、自分たちがこの果敢にしてあきらかに決定的とおもわれる痛撃を加えた瞬間に、自分たちのおそるべき敵が、すでに生きている人間ではなかったなどということを、まったく念頭にはおいていなかった。

第五章　ニネヴェの重荷——シャルルマーニュとティムール・レンク——

われわれがアッシリアの軍国主義をくわしく検討してみたのは、それが同じような常軌逸脱の数多い顕著な例の原型であるからにほかならない。「よろいをまとったしかばね」の活人画は、紀元前三七一年のレウクトラの戦場におけるスパルタ軍の方陣の光景をおもい起こさせる。隣国にたいしてとてつもないせん滅戦をおこなったがために、期せずしてみずからをもほろぼすにいたる軍国主義者の皮肉な運命は、カロリング王朝やティムール帝国がみずから招いた悲運をおもい起こさせる。かれらは、サクソン人やペルシア人の犠牲者の苦悶を糧として大帝国を建設したが、それはただスカンディナヴィアやウズベクの冒険者たちのために、りっぱな獲物を準備することになったというにすぎない。スカンディナヴィアやウズベクの冒険者たちは、これらの帝国建設者たちが、一世代もたたないうちに世界的な権力の座から転落して無力となり、その帝国主義の代価を支払う有様を如実に目撃したのであった。

アッシリアの例からおもいつくいま一つの型の自殺は、支配下にある国民や国土に保護を加えて打ちつづく平和を享受させている世界国家、ないし大帝国に乱入し、これを引き裂く軍国主義者の自滅である（かれらが、蛮族であっても、あるいは、みずからの才能を有効に活用する能力のある高度文化人であってもよい）。征服者たちは、帝王のマントを容赦なくずたずたに切りさいて、その保護下にあった何百万もの人間を、暗黒の恐怖と死の影にさらす。しかし、死の影は、犠牲と同じように、その犯罪者のうえにも容赦なくおおいかぶさってくる、勝利のあかつきに獲物のすばらしさと大きさに酔いしれて非道徳化した、これらの強奪者であるあたらしい支配者たちは、あたかもキルケニイのねこ〔アイルランドの町で、死闘をくり返した二ひきのねこのこと〕のように、お互いに「仲よく職務」をはたしあい、ついにはこの盗賊仲間のうちにはだれ一人として生きのこって獲物のご馳走にありつくものがなくなってしまうということになりがちである。

アレクサンドロスがヘレスポントゥス〔ダーダネルス海峡〕を通過してから十一年とたたぬうちに、マケドニア人はアケメネス帝国をじゅうりんし、さらにそのもっとも遠い辺境をこえてインドにまですすんだが、それにつぐ四十二年間、すなわち、紀元前三二三年にアレクサンドロスが亡くなってから二八一年にコルペディウムでリシマコスが敗北するまでのあいだには、こんどはマケドニア人同士がお互いに同じようなむごたらしい争いに転じたことを、われわれは注目してみてもよい。この残忍な行為は、一千年後に、シリア史の他の一節でくりかえされた。このときには、原始イスラム教徒のアラビア人は、かつてアレクサンドロスが十一年間にアケメネス朝からうばいとったとほぼ同じ広さの地域にわたって、西南アジアにおけるローマの領土とササン朝〔ペルシア〕の領土とをば、十二年でじゅうりんしたのであった。これは、ギリシアのマケドニア人がなしとげた偉業に匹敵する（とともに、マケドニア人の偉業を御破算にした）。このアラビア人の場合にも、十二年間の征服ののちに、やってきたものは二十四年間にわたる同胞あいはむ争いであった。この争いは、西暦六五六年のカリフ・オスマーンの暗殺にはじまり、六八〇年の予言者マホメットの孫フサインの殉教で終りを告げた。このように、西南アジアの征服者たちも、仲間同士の剣にかかってたおれている。そして、アレクサンドロスがほろぼしたシリア世界国家再建の栄光と利益とは、電撃的な征服によって途をひらいた予言者「マホメット」の仲間や子孫のものではなくて、強奪者たるウマイヤ朝とその横領者たるアッバス朝のものとなるのである。これと同じ光景は、新世界において、アステカ人やインカ人がスペイン人に屈したときにもしめされている。メキシコやアンデスの世界国家をほろぼしたスペインの征服者たちは、フロリダからパナマ地峡、およびパナマ地峡からチリーにかけて、二大陸をじゅうりんしたが、その結果、マホメットの仲間やアレクサンドロスの仲間と同じように、戦利品をめぐってむごたらしく争いあうこととなった。この場合、マドリードにいる生ける主権者は、地下に眠っているマケドニアの武将アレクサンドロスが、かつて戦場においてかれに従った部下の軍紀をきびしく維持したのにくらべると、はるかに無力であった。スペイン王は、大西洋の向かい側で形式的にかれの臣下となっている冒険家たちを、王の名において互いに仲よくさせようとしたが、効を奏さなかった。アッシリアの軍国主義と同様の自殺的気質は、没落期のローマ帝国の手放された諸州をじゅうりんした蛮族によってもしめされた。西ゴート人は、フランク人とアラビア人のためにほろぼされた。また、ブリテン島においてローマのあとをついだイギリスの「後継諸国家」間のわずかばかりの獲物は、マーシアやエセックスによってくいつくされてしまった。メロヴィング朝は、カロリング朝によってほろぼされ、ウマイヤ朝はアッバス朝によってほろぼされてしまった。このように、「英雄時代」の典型的な事例にみられる自殺的な結末は、ある程度まで、他の老衰した世界国家の領土をじゅうりんしたすべての民族移動なるものの、後期の特徴である。

　さらに、軍国主義の常軌逸脱の変種がもう一つある。この原型は、またしてもアッシリアの軍国主義のなかにみいだされる。それをみつけるには、アッシリアをば、人為的に隔絶された、独立した実在〔entity 実体〕としてではなくて、より大きな社会体、すなわち、われわれがバビロニアと呼んでいるものの肝要な一部分という、それ本来の設定においてみればよい。このバビロニア世界にあっては、アッシリアは一辺境地域として果たす特殊な機能を帯びていた。その主要な任務は、自分自身はもちろんのこと、そのなかに、自分が住んでおり、自分がその一部をなしている社会〔バビロニア社会〕の他の部分をも、東部や北部にいる略奪をこととする野蛮な高地住民や、南部や西部にいるシリア文明の先駆者たる侵略的なアラム人から防衛することであった。以前には分化していなかった社会構成のなかから、このアッシリアのような種類の辺境地域をはっきりさせることによって、一つの社会はすべての成員に利益をもたらすことができる。なぜなら、一方、その辺境地域が外からの圧迫に抵抗するという挑戦（いまそれを辺境地域が引きうけた）に成功裡に応戦しているかぎり、辺境地域は刺激されており、他方、その内域（いまそれを辺境地域がふせいでいる）は、それだけ外から圧迫をまぬかれ、そして、そのため、他の挑戦にたち向かい、他の仕事を達成する余裕ができるからである。こういった分業は、辺境地域がその専門化した軍事行動をば、もっぱら外敵を撃退するという本来的な任務にだけむけているかぎりは、有益である。軍事的諸徳というものは、このような社会的に正当な目的のために使われるかぎりは、社会を破壊するとはかぎらない。もともと軍事的諸徳をふるわねばならないということは、なさけないことに過去六千年のあいだ文明というはしごの低い段を登ってきたそれぞれの世代の人間の、人間本性というものが、不完全なることを証明しているとしてもである。しかし、国境の住民たちが、境界外の外部の者との戦争で使用すべきはずの武器を、自分自身の社会の他の成員たちに向けるならば、軍事的諸徳は、致命的に軍国主義の悪徳と化してしまう。かれらの本来の任務は、人びとを攻撃することではなくて、防衛することである。

この常軌逸脱のもたらす害毒は、社会全体をば、辺境の住民がこれまでのあいだくいとめてきた外敵の攻撃にさらすということではない。なぜなら、辺境の住民は、本来の敵を完全に屈服させてしまったので、他のいたずらをやる余裕ができ、もっと大きな目的をねらって野望をもやすようになるものだが、それまでは、自分の同族にたち向かうようなことはめったにないからである。実際に、辺境地域がそのほこ先を転じ、自分自身の社会の内域をひきさくときには、左手で外敵を遠ざけながら、右手で同胞あいはむ戦争をおこなうのがつねである。このように軍事的エネルギーを誤った方向に向けることによるおそろしい害悪は、外来の侵入者に門戸をひらくということではなくて（もっとも、ときとしては、ついにはこういった付随的な結果をひき起こすこともあるが）、むしろ、互いに一体となって住むように自然に関係づけられている二つの側の相互の信頼をなくして、両者のあいだにとも倒れに陥るような争いをひき起こすということにある。辺境地域が向きをかえて、自分自身の内域に刃向かうときには、事実上の内乱〔civil war〕で、辺境が攻勢をとっているわけである。しかも、内乱というものは、他のいかなる戦争にもまして激烈にたたかわされる。このことは、周知の事実である。ティグラート・ピレセル三世が紀元前七四五年にとった行動から究極的に生じた結果の重大さは、このことから説明することができる。かれは、その年に、アッシリア軍を、その本来の敵であるナイリとアラムだけに向けつづけるかわりに、バビロニアに向けた。そして、それにともなうアッシリア対バビロニアの百年戦争の結末は、破局そのものであった。このような結果は、けっしてこの特殊な事例だけにかぎられたものではない。このことは、このアッシリアの原型からおもい起こすことのできる他の例を概観すればわかるはずである。内域に刃を向けた辺境の常軌逸脱は、その本性上、全体としての社会に災厄をもたらすが、とりわけ、最初に無法な行為を犯す側には破滅をもたらす。羊飼いの助力者であるように育てられ、しつけられた羊の番犬は、狼を追い払うことを使命としているが、それが狼の気風や行動にいつの間にか染まり、自分のために羊をうばって信用をなくしてしまうと、この番犬は忠実な番犬の側面からの攻撃があるかぎり、本当の狼がもたらす被害よりもはるかに大きな被害をもたらすものである。だが、それと同時に、番犬の裏切りから生じる被害によってもっとも苦しめられるのは、羊の群ではない。羊の群は十分の一になっても生きのこる。それに反して、犬は、腹をたてたかれの主人に殺されることになる。同様に、自分の社会に刃を向ける辺境の住民は、自分の生命の源を攻撃していることになるから、自分自身を冷酷な破滅に運命づけているわけである。その行動は、自分の腕でふるっている刀を自分で、自分の体につき刺すようなものである。あるいは、きこりが、自分の腰かけている枝を切りおとしたために、その枝をうしなった木の幹がそのままたっているのに、自身はその枝とともに地面に墜落するようなものである。

アウストラシア人〔フランク王国東部地方の住民〕が、西暦七五四年に、かれらの同胞であるロンバルディア人にたいして武器をとれという法王ステファヌス〔三世〕の要請に応じようとする、かれらの武将ピピンの決断にたいし、あれほどまではげしく抗議する気になったのは、おそらくは、上述したように、エネルギーを誤った方向に向けることがよこしまであることを、直観的に懸念したためであるとおもわれる。法王庁は、アルプスのかなたのこの強国に目をつけて、七四九年にピピンを王に任じ、かれが予定していたイタリア遠征の前夜に王位をさずけることによって、かれの野心をあおりたてた。それは、アウストラシアが、ピピンの時代に、二つの前線において、西洋キリスト教世界の辺境の役をはたし、その勇名をとどろかせていたからである。その一つの前線は、北欧の無人地帯からライン川にむかってすすみつつあった異教徒のザクセン人という蛮族にたいしてであり、他の前線は、ピレネー山脈をこえてすすみつつあった北西アフリカとイベリア半島のイスラム教徒のアラビア人征服者にたいしてである。ガリアのフランク族自体がアラビア人やザクセン人に攻撃されるのを防ぐのが、アウストラシア軍の真の使命であるのに、七五四年に、アウストラシア人は、かれらが真の使命をみいだしていたこの活動の場からエネルギーを転じて、イタリアのロンバルディア人を攻撃するように乞われたのである。このイタリアでの冒険にたいするアウストラシアの兵士一般の懸念が、指導者の欲望よりも正当なものであったことは、事の成りゆきによってあきらかにされた。なぜなら、王ピピンは、部下の反対を押し切ることによって、アウストラシアをこれまでよりももっとしっかりとイタリアに結びつけることになった一連の軍事的・政治的な連累というくさりの最初の輪をつくりだすことになったからである。ピピンが七五五年と七五六年にアイストゥルフ〔ロンバルディア王〕にたいしてイタリア遠征をおこなったために、いきおい、シャルルマーニュ大帝が七七三年から七七四年にかけてデシデリウスにたいしてイタリア遠征をおこなう次第になった。シャルルマーニュ大帝の母であるベルトラデ皇太后は、亡夫ピピンが、自国民の意志〔*will*〕に反して、ひきさいたフランクとロンバルディアの仲をいやそうと努力したにもかかわらず、このシャルルマーニュの遠征は避けられなかった。ベルトラデは、自分とピピンとの子、つまりいま亡夫のあとをついでいるシャルルマーニュと、アイストゥルフの後継者であるデシデリウスの娘デシデラタとの結婚をまとめあげたが、シャルルマーニュは、このロンバルディア人の妻を離縁して、妻の父の王国を完全に征服しつくして亡父の野心を成就したのであった。しかし、シャルルマーニュは、ロンバルディアの王位を手に入れはしたものの、それでイタリア問題が片づいたわけではなく、このアルプス北方の強国は、たえずアルプス南方の不安で悩ませられた。シャルルマーニュはロンバルディア王国をほろぼすことによって、法王権を擁護し、統御するという重荷を背負いこむという、とり返しのつかないことをしてしまった。そして、ローマ法王領の保護者になったために、ロンバルディア人の諸公国やイタリア南部にある東ローマ帝国の前哨地点とのもっとよそよそしい紛争にまきこまれることになってしまった。イタリアにたいしておこなわざるをえなかった遠征の第四回目に、法王からローマ皇帝の帝冠をさずけられて、ローマ民衆の喝采を浴びるという外見上の成功の絶頂に達したときでさえも、その栄誉の代価として、東ローマ帝国との外交的な争いというわずらわしさを味わわねばならなかった。しかも、この争いは、十年以上も尾をひいた。

シャルルマーニュのイタリア政策を正しく評価するには、かれの在位中の行為を年代順にあげてみるとよい。これらの行為をみてみると、アルプス以南の問題に手をだしたために、大ザクセン戦争を遂行するという主要な軍事的問題から、どんなふうにたびたび（しかも、しばしば重大な瞬間に）そらされていたかがわかる。シャルルマーニュは、七七二年にザクセンの領土の心臓部に軍をすすめて、ザクセン人に挑戦し、イルミンスル〔ザクセン人の信仰の中心とされていた偶像で、エレスブルクの近くにあった〕をなぎ倒したが、七七三年から七七四年にかけてアルプスのかなたに去ったため、七七四年にザクセン人がヘッセンにたいして報復できるようになった。その後の七七五年から七七六年にかけてのいわゆる「ノック・アウトの打撃」も、七七六年の春に中断しなければならなかった。というのは、この間に、ザクセンの敵シャルルマーニュは、ロンバルディアのフリウリ公、フロドガウドの起した反乱を鎮圧するために、第二回目のイタリア遠征にでかけたからである。ザクセン戦争の第二の段階は、もっとも恐ろしいものであった。しかも、この段階のザクセンは、八年のあいだ（七七七―七八五年）、攻撃的防衛を戦略とする武将ヴィドゥキントにひきいられていたのに、シャルルマーニュは在位以来第三回目のイタリア遠征と第二回目のローマ訪問をしなければならなかった。しかも、七八五年にヴィドゥキントが屈服したことにともなうザクセン戦争の小康〔第三の段階〕も、アウストラシア軍に休息をあたえはしなかった。なぜなら、七八七年にはシャルルマーニュは三たびローマへおもむき、南ロンバルディアのベネヴェント公国にたいする結末のつかない遠征をこころみ、軍事的な示威行動によって自分の権威をロンバルディアのかつての同族や、反抗的な部下であるバヴァリア人に押しつけようとしたからである。八〇〇年から八〇一年にかけて、ローマへ第四回目の、そしてイタリアへは第五回目の旅にでかけたときは、ザクセン戦争の第四の最後の段階が、進行中であった。すなわち、この段階では、征服されはしたものの、おじけてはいないザクセン人が、フリジア人（最盛期七九二―八〇四年）の援助をえて、アウストラシア人にかけられたくびきをふり捨てようとして、必死の努力をながくつづけた。

ザクセン人にたいするこの消耗戦は、カロリング朝をひどくつかれさせた。この疲労は、シャルルマーニュが死んだ直後のカロリング帝国の分裂や、ザクセン人の受難にたいするスカンディナヴィア人の復讐となってあらわれた。このスカンディナヴィア人の反撃は、ザクセン人を征服したアウストラシアの征服者が死ぬ以前からはじまっていた。また、アウストラシアが防衛の任務を課せられていた西洋キリスト教世界の辺境は、ライン川のかなたのザクセン人に接する前線だけではなかったということをおもい起こすべきである。アウストラシアは、その前線と同様に、ピレネー山脈のかなたのアラビア人に接する前線の見張人であった。シャルルマーニュがロンバルディア王国を滅亡させ、バヴァリア人を屈服させた際には、あらたにこれらの敗敵〔*Vanquished adversaries* 打ち負かした敵〕から、第三の前線の、すなわち、スティリア・アルプス〔チロルやザルツブルク周辺のアルプス〕のかなたのアヴァール人にたいする前線の見張人の役をひきついだ。シャルルマーニュが、ヴィドゥキントとの死闘の第二年目に、あえなくロンサスヴァリエス〔スペインのナヴァル地方の地名〕で不運に終わったかのピレネーごえの遠征にでかけざるをえなかったのは当然であったかもしれない。しかし、ライン川とピレネー山脈の両前線をまもらねばならず、またアキテーヌ〔南西フランスの一地方〕はたえず不穏であったから、いずれにしたところで、シャルルマーニュがあらたにアルプスの南のイタリア側に手をだす余裕がなかったことはあきらかである。そして、かれの対イタリア政策は、このアウストラシアの偉大なる軍国主義者が祖先からうけついだ、アルプスの南の前線を野心的に前進させる運動と結びついたときに、自殺的なものとなった。アウストラシアの背中にのしかかっていた重荷が、背骨を折るほどに増したのは、シャルルマーニュが乱暴にも背負わせた前後五回にわたるイタリア遠征のためである。

シャルルマーニュは、ライン川の境界線のかなたのザクセン人との死闘に全力をつくすことが必要であったときに、うまれつつある西洋キリスト教世界の内部地域にいるロンバルディア人やバヴァリア人に武器を向けることによって、アウストラシアの背中にとうてい背負いきれないほどの重荷を負わした。それと同様にティムールもまた、ユーラシア大陸の遊牧民に平和をもたらすという本来の使命に集中すべき、トランスオキシアナ〔中央アジアのアム川（オクソス川）以東の地〕〔現代ではマー・ワラー・アンナフルと呼称〕の保有するわずかばかりの力をば、イラン、イラク、インド、アナトリア、シリアにたいする無謀な遠征に浪費することによって、かれ自身のトランスオキシアナに、とうてい、にないきれないような重荷を負わせて、その背骨を折ってしまった。

十九年間（西暦一三六一―一三八〇年）におよぶ勇猛果敢な遠征において、ティムールは、トランスオキシアナの沃地をうばい返そうとするチャガタイ遊牧民の再三のくわだてをしりぞけ、逆に、撃退した侵入軍をその本土の「ムガリスタン〔チャカダイ汗国の東部〕」で攻撃し、また、ジュチ領〔キプチャク汗国〕の遊牧民からオクソス川の下流のファーリズム〔ホラズム〕の沃地を解放して、イラン世界のユーラシア辺境地域に、かれ自身の領土をつくりあげた。西暦一三八〇年にこの大事業が完成したときのティムールには、さらに大きな獲物（ほかならぬチンギス汗のユーラシア帝国を継承するという獲物）が、手のとどくところに横たわっていた。というのは、ティムールの世代には、遊牧民たちは、あらゆるところで、砂漠と農耕地帯とをわかつ、ながい境界線にまで後退していたからである。ティムールが、パミール高原とカスピ海のあいだのところで、「ムガリスタン」とキプチャクの遊牧民群に勝利を収めている間に、モルダヴィア人やリトワニア人やコサック人たちは、その反対側、すなわち、ドナウ川の峡谷とドニエプル川の瀑布のあいだの草原地帯の西の入江で、ジュチ領〔キプチャク汗国〕を切断していた。ロシア人はキプチャク遊牧民のくびきをはらいのけつつあったし、中国人は蒙古人の支配者（汗）を追いだしつつあった。中国の蒙古人支配者たちは、チンギス汗家の兄方の分かれで、チンギス汗の全領土の名目上の君主であったが、クビライ汗の都、北京〔大都〕から、これらの野蛮な侵入者がもとやってきた万里の長城の外側の無人地帯へと追いだされた。遊牧民たちは、いたるところで敗走しており、ユーラシア史のつぎの章では、再起する定住民同士が、チンギス汗の遺産という獲物をえようと競争しあうわけである。この競争に加わるには、モルダヴィア人とリトワニア人とはあまりにも遠すぎた。モスクワ人はその森林に、中国人はその畑に、それぞれ腰をすえていた。みずからの定住生活の基礎を破壊せずに、草原地帯におちつくことができた競争者は、コサック人とトランスオキシアナ人だけであった。かれらは、それぞれ自分なりに、遊牧主義のある強さをとり入れて、これを定住文明の強さと結びあわせた。一三八〇年に慧眼な観察者がいたとすれば、かれは、ユーラシアの支配をめぐる競争の勝利者となるのは、この二人の走者のいずれかだ、とかんがえたはずである。そして、当時においては、どうみてもトランスオキシアナ人の方がはるかに有望であった。なぜなら、トランスオキシアナの方が、はるかに強力で、また草原地帯の中心に近かったし、この競争に一番先に名のりでていたからである。そのうえに、このトランスオキシアナ人はスンニー派の擁護者として知られていたので、イスラム教徒の定住的な諸国のうちに潜在的な味方をもっていた。これらのイスラム教徒の定住的な諸国は、草原地帯の両側、すなわち、一方ではカザンとクリム、他方では甘粛と陝西におけるイスラム教の前哨基地であった。

ティムールは、一時、自分の機会を感知して、決然とそれをつかむかにみえた。キプチャク遊牧民の敵対する党派が内乱を起こしたため、ティムールはフワーリズムを征服できたし、モスクワ人はその独立を主張しえた。だが、当然のことながら、ティムールは、この内乱をば、たかだか周辺の一地方を手に入れるなどということよりももっと野心的な目的のために利用した。かれは、キプチャクの内政に干渉して、汗位の争奪者の一人であるトカトミシュを支持した。一三七八年から一三八二年にいたる間に、トカトミシュが、全ジュチ領〔キプチャク汗国〕を自分の指揮下に統一し、モスクワを占領して焼きはらうことによって、モスクワ人をふたたび従属せしめ、さらにリトワニア人に大敗北を喫せしめることができたのは、ティムールの援助のおかげである。ティムールの封臣であるトカトミシュがこれらのことをなしとげた結果、ティムールは、イルチシ川からドニエプル川、パミール高原からウラル山脈にいたるユーラシアの草原地帯の西半分全部と、その周辺の定住的な属領をも、直接ないし間接的に、支配することになった。ところが、この重大な時期に、ユーラシアの無人地帯を征服したこのトランスオキシアナの征服者は、突然回れ右をして、イラン世界の内域に武器を向け、その生涯の残りの二十四年間を、この地域にたいする無益で破壊的な一連の遠征のためにささげた。トカトミシュが、この宗主国の急旋回をみて大胆になり、不敵にも侵略行為を働いたために、ティムールは、心ならずも本来の場にひき返すことを余儀なくされたときでさえも、冬の遠征で草原地帯を横断してこのキプチャクの邪魔者を片づけるやいなや（この冬の遠征は、このトランスオキシアナの首長の全生涯のうちで、かれの面目をもっとも発揮した、もっともかがやかしい離れ業であった）、頑固に、かれのあたらしいコースへひき返している。

ティムールの生涯の最後の二十四年間の年代記をかんたんに解説してみると、ほぼ四分の一世紀にわたるその期間中にたえず手のなかににぎっていた一つの機会を、その生涯の第一段から第二段に移行する瞬間に、断固として拒否したということがわかる。

ティムールは、「ムガリスタン」で依然として反抗するチャガタイ汗国にたいして、一三八三年からその翌年にかけてただ一度こらしめのため遠征をおこなったほかは、一三八一年から一三八七年にいたる七年間をイランとトランスコーカシアを征服するためについやした。一三八五年にアゼルバイジャンで起こった自分の軍隊とトカトミシュの軍隊との小ぜりあいにも、警戒をはらわなかった。そして、一三八八年のはじめに、ファールスにおいてまさにイラン高原の征服を完成しようとしていたときに、トカトミシュがファーリズムとトランスオキシアナに侵入したとの報に接して、いそいでサマルカンドへひき返した。一三九一年にキプチャク領の草原地帯の反対側にあるウルタパで、トカトミシュに全滅的な敗北を喫せしめたティムールは、一三八〇年に手に入れながら一三八一年以後ゆるがせにしていた機会を、ふたたび手にすることになった。こんどは、キプチャクとその属領全体を、直接に支配することができた。さらにまた、一三九二年のはじめにキプチャクからサマルカンドに凱旋したのちには、「ムガリスタン」の反乱の最後の余燼をふみ消して、チャガタイの遊牧民にたいしてはっきりと自分の宗主権を確立することができたのである。いま、ユーラシアは、かれの足もとにひれふした。ところが、かれは、かがみこんでその獲物をひろいあげようとはせず、その夏には、ふたたび反対側にむかって進発し、ファールス〔イラン南西地域〕へ直行してしまった。この地は、一三八八年に、西南アジア征服の途上でその征服をおもいとどまらねばならなかったところである。そして、順調に征服の歩をすすめて、イラク、アルメニア、グルジアをつぎつぎに従属させていった。この有名な「五カ年戦争」(一三九二年七月—一三九六年七月)の途中で、一三九五年の春に、トカトミシュがあらたにトランスコーカシアに侵入してきたために、ティムールはふたたび心ならずも予定していたコースからひき返さざるをえなかった。このときのティムールの反撃は、コーカサス山脈、テレク川、草原地帯をこえて、モスクワ大侯国にまでおよんだ。しかし、一三九六年には、キプチャクから西南アジアに逆もどりし、イランを経て、サマルカンドに帰った。

一三九六年夏から一三九八年春までのティムールは、破壊的な戦争のほこを収めて、サマルカンドで休んでいた。だが、この中休みのつぎにくるものは、かれのユーラシアにたいする支配の確保や拡大ではなかった。いまイラン世界の心臓部を粉砕しつくしたかれ(かれ自身はイラン世界の出身である)は、こんどはこの世界の東南端と西北端とを略奪する仕事にとりかかった。当時、東南端にはヒンドスタンのトゥグルク朝の諸侯が、西北端にはルーム〔東ローマ帝国の東方所領〕のオスマン・トルコ系の諸侯が、それぞれヒンドゥ世界とギリシア正教世界のことをかえりみずに、イラン内に領土をひろげつつあった。ティムールの部下たちは、ヒンドゥクシ山脈をこえてトルコ系の同族やインドの同宗者〔イスラム教徒〕を攻撃することに反対した。かつてピピンの部下は、これと同じような事情にあったときに、アルプスをこえてイタリアのロンバルディア人という同胞を攻撃することに強く反対した。しかし、ティムールは、ピピンと同じように、あくまで自分の意志を押しとおした。かれは、一三九八年春から一三九九年春までのあいだ、インド遠征に専念し、一三九九年までに二度目の遠征をこころみる。この二度目のインド遠征は、かれの戦歴のなかでは、事実、もっともかがやかしいものではないが、もっとも有名な遠征である。というわけは、この第二回の五カ年戦争の最中には、一四〇一年にダマスクスでマグリブ〔北アフリカ北西部〕の哲学者イブン・ハルドゥーンに会ったり、一四〇二年にオスマン・トルコのスルタンであるバヤズィト一世を打ち破ってとりこにするような出来事があったからである。

ティムールは、一四〇四年七月にサマルカンドへ帰ったが、その十一月にはまたまた遠征の途についた。そして、こんどこそはやっと、過去二十三カ年間をつうじてはじめて、縁起のよい方向に向かって慎重にみこしをあげた。というわけは、こんどのかれの目標は中国にあったからである。もちろん、西南アジアにおけるかれのこれまでの記録からすれば、はたしてかれが中国の完全征服という蒙古人の偉業を具現しえたかどうかはうたがわしい。かの蒙古人ですら、この偉業を完成するには、七十年間（一二〇七—一二七七年）というながい年月をついやしている。にもかかわらず、かりにティムールが生きながらえたとすれば、かれのこの最後の事業は、歴史的に重要な、永続的な結果を生みだしたかもしれない。なぜなら、中国を一時的に攻撃しただけでも、ティムールは、タリム盆地から満州にいたるユーラシアの草原地帯の南東の周辺部をずっと所有することになったかもしれないからである。そうなれば、〔ユーラシアの〕草原地帯全体はかれの権力下にはいったであろう。しかしながら、これは、あくまで想像の域をでない。それは、ティムールのような幸運にめぐまれた軍国主義者といえども、二十三カ年もの年月を無難にすごすということは、とうていありえないからである。かれは、中国遠征のために東へ向かって進軍中に、ウトラール〔シル川右側にあったオアシス都市〕以東に進まないうちに、死の手にとらわれた。

ティムールが自分の本来の使命を軽視して自分自身を無能にしたことは、軍国主義の自殺性というものをしめしている最高の実例である。このことは、かれの大失敗とシャルルマーニュのそれとを比較してみればわかる。

この両者の場合、いずれも、辺境が内域を征服しようとするくわだては、ごくはかないものであった。事実、比較的に後進的な国《コミュニティ》が、軍事的征服というお粗末な手段で、同じ文明の道をそれよりさきにすすんでいる別の先進的な国を同化することに成功するなどということは、めったにありえない。ティムールが武力によってイランとイラクをトランスオキシアナの支配下においたように、シャルルマーニュもまたロンバルディアとバヴァリアをアウストラシアの支配下においたが、この支配は、征服者の死後に立ち消えとなってしまった。もちろん、シャルルマーニュの軍国主義の影響は、まったくはかないものであったとはいいきれない。なぜなら、かれの帝国は、かれ自身の手をはなれてからのち、四分の三世紀にわたって、なんらかのかたちで持続していたからである。そして、そのいくつかの部分の運命は、〔西洋社会という〕単一の社会体〔body social〕に統一されることによって、恒久的に〔西洋という〕規定をうけた。しかも、この社会体は、もともとこの統一を生みだした軍事力が霧散してからのちも、いわゆる「キリスト教世界」というかたちで、久しいあいだ存続した。これとは対照的に、ティムールの帝国は、シャルルマーニュの帝国よりも短命であったばかりか、なんら積極的な社会的影響をのこさなかった。その帝国のカスピ門〔テヘランの東方七八キロにある隘路〕以西は、ティムールの死のしらせとともに、一四〇五年に分解してしまった。ホラサーンとトランスオキシアナは、一四四六年にシャー・ルクが死んだのちに、互いに相争う弱小勢力が分立した。であるから、みとめうる唯一の影響は、きわめて消極的なものにすぎない。ティムールの帝国主義は、自滅に向かってまっしぐらにつきすすむために、その途上に横たわるいっさいのものを掃討し去ることによって、西南アジアに一つの政治的・社会的真空状態をつくりだしたにすぎなかった。そして、結局は、この真空状態にひき寄せられたオスマン・トルコ人とサファヴィ人とが衝突して、これがすでに傷ついているイラン社会に死の一撃をあたえることになる。

　他方、シャルルマーニュがアウストラシアの軍事力を西洋キリスト教世界の辺境からその内域に向けたことは、その社会全体にとっては致命的ではなかったが、その社会の一部であるアウストラシア自体には致命的であった。ヨーロッパ大陸の蛮族を征服することによってなされた西洋キリスト教世界の拡大は、結局は、シャルルマーニュで頭打ちになったあとをシャルルマーニュの被害者であったザクセン人の子孫たちがひきついで、かれらによって継続されることとなった。また、イベリア半島のシリア世界を征服することによってなされた西洋キリスト教世界の拡大は、多くの西洋キリスト教諸公国の手でつづけられた。これらの公国のいくつかは、カロリング帝国の直接的な「後継諸国家」であった。西洋キリスト教世界が、この二つの前線において、シャルルマーニュの軍国主義の代価として支払わねばならなかったものは、休止というものであった。この休止は、二百年足らずのあいだつづき、つぎの三百年(九七五年ころ―一二七五年)のあいだには、あらたなる前進がおこなわれた。それに反して、イラン社会は、ティムールの軍国主義のために、ユーラシアにおけるその「約束の地」を永遠にうしなってしまった。

イラン社会が遊牧民世界の遺産をうしなったということは、まっさきに宗教の面にしめされた。ティムールの世代をもって終りを告げた過去四百年間をつうじて、イスラム教は、ユーラシアの草原地帯周辺の定住民にたいする支配権を徐々に確立していった。そして、遊牧民が砂漠をでて農耕地帯に越境してくるごとに、かならずこれをとりこにしていた。西暦十世紀に、アッバス朝カリフ国の回教王の軍事的・政治的権力が瓦壊していたときでさえも、かれらの宗教は、ヴォルガ川中流やタリム盆地の沃地にいる定住トルコ人や、アラル海とバルハシ湖のあいだにある草原地帯のトランスオキシアナ外縁のセルジューク朝やイル汗国に従属している遊牧トルコ人を改宗させていた。とくに、アッバス朝後の民族移動が、最終で最大の爆発をみせたときでさえ、草原地帯はその奥地まで震動させられて、遊牧民群がイスラム世界に開放されることになる。これら遊牧民は、いまだかつてイスラム文化の放射にふれたことがなく、しかも多少ネストリウス派のキリスト教に染まっていたから、はじめてイスラム教と遭遇したときには、イスラム教に偏見をいだいていた。だが、イスラム教は、初期の蒙古の支配者による発作的な迫害のために痛手をこうむったとはいえ、その痛手は十分につぐなわれた。なぜなら、蒙古人は、広大な、異質的な帝国内の諸民族・諸文化を慎重にまじり合わせようとする政策をとっていたので、イスラム教はそのためにおもいがけない利益をうけたからである。イスラム教が中国にひろめられたのは、これら異教的な遊牧民の武将のおかげである。しかも、イスラム教は、タリム盆地内の従来のイスラム圏に隣接する中国の北西部だけではなくて、南西部の一番はしの雲南省（蒙古軍が野蛮な無人地帯を征服してあらたに中国につけ加えた地方）にまでもひろめられた。その後、十三世紀末から十四世紀のはじめのころに、蒙古人帝国の三つの西部属領、すなわち、イランのフラグ家〔イル汗国〕とキプチャク草原地帯のジュチ家〔キプチャク汗国〕とトランスオキシアナおよびズンガリアのチャガタイ家〔チャガタイ汗国〕が、つぎつぎとイスラム教に改宗したときには、もうイスラム教が全ユーラシアの宗教になることをさまたげるものはなにもないかのようにおもわれた。そして、ティムールが、トランスオキシアナでスンニー派の擁護者としてたちあがったころまでには、草原地帯の西と南のはしにはイスラム教徒の「流民」が散在していたために、すでにみてきたように、ティムールが全ユーラシアにまたがるイスラム帝国という収穫を刈り入れる基礎準備は、できていた。であるのに、ティムールの時代まではこれほど急速にすすんできたユーラシアにおけるイスラム教の伝播が、その後にはたと止まってしまったということは、もっとも意義ぶかい。その後においてこの地域でイスラム教が手に入れたものといえば、一五八二年にコサック人によって征服された西シベリアのトルコ系の汗国〔シビル汗国〕を、征服される直前に改宗させたことだけである。しかもこの時代には、すでにもう一つの「高度宗教」が、これまでは原始的な異教徒であった、他のユーラシアの遊牧民をことごとくとらえていたから、このようにへんぴで後進的な片隅を改宗させることに成功したところで、そのことはけっしてイスラム教にとって自慢になることではなかった。

十六世紀末から十七世紀のはじめにかけてのユーラシアにおける注目すべき宗教的事件は、蒙古人（一五七六年からその翌年にかけて）と、その西方の同族であるカルムク人（一六二〇年頃）とが、大乗仏教の一派のラマ教に改宗したことである。すでにたえて久しいインド文化の宗教生活のこの化石化した遺物〔ラマ教〕が、このようにおどろくべき勝利を収めたことをみても、ティムールの時代から二百年の年月が経過したあいだに、ユーラシアの遊牧民の評価において、イスラム教の威信がどのくらい低下したかということを、ある程度知ることができる。

政治的な面においても、ティムールが最初に擁護しながら、のちに裏切ったイラン文化は、同じように破産にひんしていた。ユーラシアの遊牧民を政治的に手なずけるという偉業を究極的になしとげた定住民社会は、ギリシア正教社会のロシアの分枝と、極東社会の中国の本体とであった。遊牧民は、ティムールが一三九一年に冬の草原地帯を横断して、ウルタパにおいてトカトミシュを撃破したとき、隷属者たるべき運命の宣告をうけたわけであるが、この宣告は、トランスオキシアナ人の手によっては執行されなかった。この宣告は、十七世紀の半ばに確認されている。当時、モスクワ大公国の配下のコサック人と中国の支配者たる満州人とが、それぞれ草原地帯の北端をまわって互いに反対の方向からすすんでいるときに衝突し、ユーラシアの支配権をめぐって、アムール川の上流盆地にある、かつてチンギス汗の祖先たちが住んでいた牧地の近くで、最初の戦闘をおこなった。この一組の競争者によるユーラシアの分割と、ふるくからその地に住んでいた遊牧民の征服は、それから百年たったのちに完成される。乾隆帝〔高宗〕（在位一七三五—一七九六年）は、一七七五年にズンガリアのカルムク人の権力を破り、また、戦い破れて一七七一年にロシア帝国の領土から逃げてきたトングートのカルムク人の亡命者を保護した。これとともに、ユーラシア遊牧主義の最後のつなみは終わった。この一つ前の移動の名ごりとして、キプチャク草原地帯の東部、イルチシ川とヤイク川のあいだを無気力に放浪していたコサック人が、ロシア人と満州人に従属するにいたって、トランスオキシアナ沃地の北端にいたる全ユーラシアは、ロシアと中国のいずれかの支配下におかれることになった。

征服者ティムールの軍国主義が、かれ自身の本拠トランスオキシアナをふくむイラン世界にあたえた損失は、ユーラシア草原地帯をこえてその周辺に膨張する機会をうしなったということだけにとどまりはしなかった。ティムールの生涯の最後の二十四年間、かれがとりつかれていた破壊的な軍国主義というものを、決定的に断罪する材料は、つぎの事実のなかにみいだされる。すなわち、その軍国主義は、それ自体なにものをも生みださなかったばかりか、実際には、それはときみちてその影響が第三世代、第四世代へとおよぶにつれて、ティムールが一三八一年に殺人狂になるまでの九年間に専念した建設的な事業を、元も子もなくしてしまったということである。ティムールは、最初は侵入してくる遊牧民を撃退するためにもちいてきた精力をきわめて向こうみずについやして、トランスオキシアナの生まれつつあるイラン社会を解放した。その向こうみずのために、かれのおかげでチャガタイおよびジュチの遊牧民の侵入にあわずにすんでいたこの世界は、解放者から軍国主義者になったかれが死んでから百年あまりたったときに、ふたたび遊牧民の侵入という危険にさらされることとなった。この危険は、ウズベク人の襲来というかたちで具体化した。ティムール家の子孫は、この非常の場合に、祖先の当初の偉業を再現する能力をもちあわせていなかった。かれらは、ティムールの過度の軍国主義という衰弱していく社会遺産を相続していたわけである。結局のところ、このイラン世界の心臓部にたいするウズベクの「突進」は阻止された。それを阻止したのは、ファルガーナやホラサーンのティムール諸侯ではなくて、新興のサファヴィー国のシャー・イスマーイールであった。だが、ウズベク人がそれ以上すすむのを首尾よく阻止したシャー・イスマーイールの軍隊でさえ、その侵入者を、その出発点であるユーラシアの無人地帯へ完全に追い返すことはできなかった。シャー・イスマーイールの作戦基地は、アゼルバイジャンにあってかなり遠かったし、また西方にむかおうとする大きな野心をいだいていたから（このためにトルコ人とのとうてい勝ち目のない争いにまきこまれた）、かれが東部前線で解放者の役割を演ずる力はかぎられていた。だから、ホラサーンからウズベク人を一度は追いはらいはしたが、そののち、シャー・イスマーイールは、ウズベクをしてトランスオキシアナをいつまでも所有するにまかせざるをえなかった。

このように、ティムールがチャガタイ遊牧民の支配から自分の国を解放する用意をしたときから一世紀半たったのちには、トランスオキシアナは、はるかに遠くの地からやってきた別の遊牧民のくびきをかけられてしまうのである。この遊牧民は、かつて憎悪と侮蔑の的となった侵入者よりも一だんと野蛮であった。そして、このくびきのために、かつてはアッシリアと同じようにひろくその勇名をとどろかせた、さすがのイラン世界のユーラシア辺境地域も、久しいあいだ力をうしなって消極的にならざるをえなかった。だが、長年のあいだ圧迫されていたトランスオキシアナ沃地の農民たちは、それから三百五十年後に、ついに立ちあがって、支配者をウズベクからロシアに切りかえることによって、そのうっぷんをはらしたのであった。

奇妙な回顧ともおもえるが、かりにティムールが一三八一年にユーラシアに背を向けてイランに軍をすすめるようなことをしなかったとすれば、トランスオキシアナとロシアとの関係は、現在のそれとは逆になっているかもしれない。こういう仮想にもとづいてかんがえてみると、今日のロシアは、現在のソヴィエト連邦とほぼ同じくらいの広さをもちながら、その重心はまったくちがったところにある帝国のなかに包含されていたかもしれない。すなわち、ロシアはイラン帝国に包含されて、モスクワがサマルカンドを支配するかわりに、サマルカンドがモスクワを支配している、というわけである。イラン史がたどったかもしれないもう一つの道をこういうふうに想像してみることは、現実の道は過去四百年ものあいだそれとはまったく方向がちがっていたことからすれば、とてつもないことのようにおもわれるかもしれない。しかし、かりにわれわれが西洋史がたどりえたかもしれぬもう一つの道を想像してみるとすれば、すくなくともそれと同じくらい異様な図をおもいうかべることができるはずである。つまり、ティムールの世界にたいするかれ自身の軍国主義の影響が実際に破滅的であったと同様に、世界にたいするシャルルマーニュの軍国主義の影響が、破壊的そのものであったとしたらどうであろう。この類推のうえにたてば、アウストラシアがマジャール人によって、またネウストリア〔フランク王国の西方領〕がヴァイキングによってそれぞれ十世紀に征服され、そしてその後十四世紀になってオスマン・トルコ人が入りこんできて、西洋キリスト教世界のこれらの棄てられた辺境地域に、異質の文明を課すというこれまでの悪にくらべて比較的小さな悪を課すまでは、カロリング帝国の心臓部はマジャール人やヴァイキングのような蛮族の支配下におかれていた、というふうにわれわれは描かざるをえないであろう。

とにかく、ティムールは、「約束の地」をうしなったばかりか、自分の故国を解放するという自分自身の事業をも台無しにしてしまった。だが、かれのすべての破壊行為のうちで最大のものは、かれ自身にたいして犯したものである。かれが自分の名を不滅のものとすることができたのは、後世の人びとがかれの功徳として覚えていたかもしれない諸行為の記憶を、後世の人びとの心からことごとく消し去るという代価をはらってのうえのことである。野蛮にたいする文明の闘士、自国の僧侶や人民をひきいて、十九年にわたる独立のための闘争をたたかいぬいて、ようやくのことに勝利をおさめえた人物、こういった人間像を、ティムールという名からおもいうかべるような人は、はたして今日のキリスト教世界やダール・アル・イスラムの世界のなかに何人いるであろうか。ティムール・レンク〔跛者ティムール〕、またはタメルランという名を耳にして、いやしくもその名からなんらかの意味をおもい起こす大多数の人びとにとっては、その名は、二十四年というわずかな年月のあいだに、ティグラート・ピレセル三世からアッシュルバニパルにいたる数代のアッシリア王が、一世紀間に犯したと同じくらいにおそろしい行為を犯した一軍国主義者をおもい起こさせる。われわれがおもい起こすのは、一個の怪物である。この怪物は、一三八一年にはイスファハーンを灰燼に帰し、一三八三年にはザブザワールで二千人の捕虜を生き埋めにしてそのうえにレンガをしきつめ、同じ年にジリで五千人の首をつみあげて塔をつくり、一三八六年にはルーリー人の捕虜を生きたまま断崖から投げおとし、一三八七年にはイスパハンで七万人を殺りくして死者の首で塔をつくり、一三九三年にはテクリートの砦の守備隊員を殺りくしてその首で塔をつくり、一三九八年にはデリーで十万人の捕虜を殺りくし、一四〇〇年にはシヴァスの砦を占領して四千人のキリスト教徒兵士を生き埋めにし、一四〇〇年と一四〇一年にはシリアで頭がい骨の塔を二十基も建立し、一四〇一年にはバグダードにたいして十四年まえにイスパハーンでしたと同じようなことをする、といったようなことをしている。このような行為をつうじてのみかれを知る人びとの頭のなかでは、ティムールがその生涯の最初のよき半分をチンギス汗とかアッティラとかいったような草原地帯の食人鬼たちとたたかう一種の「聖戦」のためにささげたにもかかわらず、これらの食人鬼と同一視されたところで、それは、ティムールの自業自得である。自分の軍事的権力をおそろしくも濫用することによって、その恐ろしさを人類の想像力に印象づけることだけをかんがえていたこの殺人狂の、誇大妄想的精神錯乱は、イギリスの詩人マーローが、タンバレンにいわせているつぎのような誇張した表現のなかに、すばらしく伝えられている。

わたしは、鉄のくさりで運命をかたくしばり、
わたしの手で運命の車を回転させる。
たとえ太陽が空から落ちるようなことがあっても、
タンバレンは敗けたり、殺されたりはしない。
…………
軍神も、その席をゆずって、
わたしを世界の将軍にする。

ユピテルの神は、武装したわたしをみて顔色をなくし、
わたしの力でその位からひきおろされるのをおそれている。
わたしがすすむと、死の女神たちはいそがしくなり、
あちこちに悲しみの死をふりまくために走りまわり、
たえずわたしの剣に敬意を表している。
…………
幾百万の魂が、ステュクス川（さんずの川）の土手に坐って、
カロン〔さんずの川の渡し守〕の舟が帰ってくるのを待っている。
わたしがいくたの戦場から送った亡霊で、
地獄や極楽が一杯になり、
わたしの名声を地獄にも天にもゆきわたらせている。
…………
わたしが世界の大王となり、
ユピテルの神から王冠をさずけられたのは、
ほどこしや高貴の業をしたからではない。
「神のむち」とか「世界の厄介者」
と呼ばれているからには、
戦争で血と死と残虐……のかぎりをつくし、

その名に恥じないようにしたい。
わたしは、断じて世界の厄介者になってやる。
流れ星が、まるで武装した人間のように、
天の塔によじのぼろうとしても、
わたしの目ざましい勝利の数々が、
それらをむなしく大空に突進させて、
その燃える槍を空中に飛散させてしまうであろう。

ティムールとシャルルマーニュ、ティグラート・ピレセル三世からアッシュルバニパルにいたるアッシリア王の生涯を分析してみて、われわれは、同一の現象をこの三つの場合のすべてに観察することができた。一つの社会は、外敵にたいして自分をまもるために国境民のあいだに武勇を発達させるものである。この武勇が、境界のかなたの無人地帯における本来の活動分野から転じて、荒らすのではなく、守るべき使命を帯びているのに、その世界の内域に住む同胞にたいして向けられた場合には、それは悪しき変形をとげて、軍国主義という道徳的な病気にかかる。このような破壊的な社会悪の事例は、このほかいくつも容易にわれわれの心に浮かんでくる。

マーシアが、ブリテン島におけるローマ帝国のイギリス「後継諸国家」の他のものにたいして、武器を向けたことが考えられる。この武器は、もともとウェールズに対するイングランドの辺境地域としてのマーシアの、機能をはたすためにとぎすまされたものであった。また、イングランドのプランタジネット王国が、百年戦争において、その姉妹国であるフランスを征服しようとしたことがかんがえられる。この王国は、境界に接するケルト人を打ち破ってラテン・キリスト教世界という両国共通の母体の領域を拡大するという本来の仕事に専念すべきであった。さらに、シチリア島のノルマン王ロジェール〔二世〕は、ギリシア正教世界とダール・アル・イスラム〔イラン〕世界を打ち破って地中海における西洋キリスト教世界の領域を拡大するという祖先の仕事をつづけることに専念すべきであるのに、南ロンバルディアの諸公国や神聖ローマ帝国や教会領を討つなど、中部イタリアの自領の拡大に軍事力をもちいた。メキシコ世界では、もともとアズテク人がメキシコ文化に同化しえたのはトルテク人のおかげであるのに、この文化に同化しない荒地のチチメク人にたいして北方の辺境をまもるという本来の仕事に閉じこもらないで、トルテク人を撃破してしまっている。アンデス世界では、インカ人が、自分たちと同じく、アンデス文明を継承している海岸地帯の隣接の低地住民ならびにエクアドルの高地住民を屈服させることに力をもちいている。かれらは、アマゾンの凶暴な野蛮人や、南チリおよびパンパス〔大草原〕地帯の勇敢な蛮族をくいとめるべき使命を有していたのに、これらにむけてはほとんど前進しなかった。同様に、ミノア〔クレタ〕文明のヨーロッパ本土における前哨であるミケナイは、大陸の蛮族に対抗することによってつちかった武勇を悪用して、母であるクレタに向け、これを打ち破っている。また、ヘレニズム世界におけるマケドニア人とローマ人とは、同じ蛮族にたいする辺境の番人という役割をつとめるべきであったのに、ミケナイ人と同じ罪を犯してしまう。すなわち、ギリシア〔文明〕世界全体のヘゲモニイという不当な目的を手に入れようとして、隣接国と争い、そして最後にはお互い同士が争いあうわけである。シナ世界〔周から漢まで〕では、秦が、ローマと同じことをやっている。この秦は、陝西と山西の野蛮な高地住民やユーラシアの草原地帯の遊牧民にたいする西部の辺境地域で外敵をふせぐ役割をはたしていたが、のちにその王侯たちは内域に生じた闘争の場に足をふみ入れて、ついに対立しあう諸国間の闘争に「ノック・アウトの打撃」をはなつのである。

エジプト世界においては、ナイル川峡谷の第一瀑布のすぐ下流の地方にあるふるくからの南部辺境地域が、ヌビアの蛮族をナイル川上流に追い返すという任務を果たしているうちに、みずからを軍隊できたえ、のちに回れ右をして、内域にあるエジプト諸国にたいして軍隊を下流にむけ、その軍事的優勢を利用して、蛮力をふるって南北両王国の統一王国をうちたてた。この軍国主義の行為は、エジプト文明を生みもし、またそこないもしたのだが、われわれの近代西洋の考古学者が手に入れたもっともふるいエジプトの記録の一つには、その行為をば、その行為を犯した人が自己満足的な率直さでえがきだしているものがあった。その記録は、ナルメルの筆になるもので、北エジプトを征服した南エジプトの武将が凱旋するときの有様をえがいた絵である。そのなかでは、超人的な大きさにえがかれた征服王が、意気揚々と歩く旗手の縦列のあとから、二列にならべられた敵の首なしの死体に向ってすすんでおり、その下の部分では、牡牛のすがたをした王が、倒れた敵をふみにじって、要塞化した町の城壁をたたきこわしている。これに付されている文字は、捕虜十二万人、牛四十万頭、羊と山羊百四十二万二千頭という獲物の数だと信じられている。

この古いエジプト芸術のぞっとする作品に、ナルメルの時代から現代にいたるまでの、二十もの異なった諸文明のなかのセナケリブやティムールやシャルルマーニュや今日の西洋世界の軍国主義者たちといった幾多の軍国主義者が再三再四犯してきた軍国主義の全悲劇がしめされている。今日にいたるまでのおおよそ六千年のあいだに、この悲劇が演じたすべての演技のなかでもっとも痛切なものは、アテネが犯したものであろう。アテネは、その海軍力を、ギリシアの同盟国や保護国を圧迫するために悪用して、「ヘラスの解放者」から「暴君都市」に変形してしまった。アテネがこのようなことをしたのは、アテネが自分自身を、ひいてはギリシア全体を、アケメネス朝〔ペルシア帝国〕の侵略から救うために、海軍をつくって武装した直後のことである。このアテネの常軌逸脱は、アテネ自体はもちろんのこと、全ギリシアに、紀元前四三一年から四〇四年にかけてのつぐないがたい災厄〔ペロポネソス戦争〕をもたらした。そこで、アテネのような国が、武力をもったばかりにおそろしい大罪を犯し、致命的な結果をもたらしたとすれば、はたして、近代西洋世界の陸軍国や海軍国のうちで、その道徳的健全さを維持する自信をもつことのできる強国があるだろうか。しかも、西洋の列強は芸術ではいちじるしくアテネにおとっている反面で、武力にかけてはいちじるしくアテネにまさっている。

これまでに一とおりおもい起こしてみたすべての実例は、われわれがいささかながく問題にしてきた三つの古典的な事例からあきらかなように、軍国主義の自殺性というものを証明している。このことがもっともいちじるしくあらわれるのは、戦線の致命的な変化が、のべつに破壊的な結果ばかりではなくて、たまたま建設的な結果をも生みだす、といったような場合である。アテネとマケドニアの武力が境界外からギリシア〔文明〕世界の内域に向けられたことは、ギリシアに災厄をもたらす原因となっている。もっとも、アテネとマケドニアの軍国主義者たちは、当時ヘレニズム社会が必要としていた政治的秩序をあたえるということをしたにはしたのである。ローマや秦やインカなどの軍国主義者の国も、同じように戦線の方向を転じて、その軍国主義の勝利によって世界国家をつくりだしたとはいえ、それぞれの社会に災厄をもたらしたことにはかわりがない。ナルメルが戦線をナイル川峡谷の上流から下流に転じたことも、統一王国の樹立という結果を生みだしたとはいえ、エジプト史のその後の進路に悪影響をおよぼしている。ナルメルのえがいた絵は、エジプト的気風のなかに野蛮性があったということをしめしている最初の証拠といえる。この野蛮性が、エジプト文明の成長を急速に阻止する原因となっている。ナルメルが殺りくしたり、奴隷にした下エジプトの子孫は、ピラミッドの建設者のために「人的資源」にかえられた不幸な人びとであった。

本章で研究してきた軍事的分野は「飽食」＝「非道」＝「災厄」という宿命のくさりの研究に有益である。なぜなら、軍事的熟練と武勇とはとぎすました刃物であって、そのつかい方がすこしでもまずかったり、判断を誤ったりすると、あえてその刃物をふるおうとする者自身に致命的な傷害をあたえがちだからである。軍事的権力をほしいままにできる個人とか政府とか国とかが、ひとたびこの力を有効に使用できる分野の限界を誤るとか、この力によって到達しうる目的の性質をまちがえるとかするならば、この逸脱のもたらす災厄がどんなに甚しいものかということは、かならず現実の結果の重大さによってあきらかにされるはずである。しかしながら、軍事行動についてははっきりいえることは、それよりも危険性のすくない分野における人間の他の諸活動についてもいえるわけである。その弾薬列車の爆発力はあまり強くはないにしても、「飽食」から「非道」をとおって「災厄」にいたる点では、なんらかわりはない。人間の機能がどんなものであろうと、あるいはそれを行使する分野がどんなものであろうと、ある機能がその本来の分野内でのかぎられた仕事を成就しうることがわかったからといって、それが他の異なった事情のもとでも過分な効果を生みだすものときめてかかってよいという仮定は、知的・道徳的な逸脱にほかならず、ある災厄をもたらさずにはおかないであろう。

第六章　勝利の陶酔

「飽食」＝「非道」＝「災厄」という悲劇があらわれるもっとも一般的な形式の一つは、勝利の陶酔である（これは、致命的な獲物をものにするその闘争が武器による戦争の場合でも、精神的な諸力の抗争の場合でも、同じである）。この劇の二つの変種のいずれもは、ローマの歴史によって、すなわち、軍事的勝利の陶酔は、紀元前二世紀の共和国の挫折によって、また、精神的勝利の陶酔は、西暦十三世紀の法王権の挫折によって、例証することができる。

〔法王権については、『完訳版』第八巻：四二一―五三四頁を参照のこと〕

ハンニバル戦争〔ポエニ戦争〕というきびしい試練に端を発し、世界の征服で終了した半世紀にわたる大戦（紀元前二二〇―一六八年）が終わったころに、ローマ共和国の支配階級がいかに堕落していたかということは、たまたまその犠牲者の一人であった同時代のギリシア人の一観察者によって、つぎのようにえがかれている。

ポリビオスとスキピオ・エミリアヌスとの友情が最初に生みだした結実は、よりたかいものへのはげしい熱意であった。これは、かれら両人をとらえ、かれらが道徳的にすぐれたものとなり、この分野において同時代の人びとと競争して勝とうという大望をいだかせた。かれらがこのように熱中した偉大な目標は、普通の状態では、達することが困難なものであった。だが、不幸にも、当時のローマは、社会一般が堕落していたので、その競争の水準は低くなっていた。女に「うつつを抜かし」ている者もいれば、不自然な悪徳に夢中になっている者もあり、また「見世物」や酒、さらに「見世物」や酒にともなうありとあらゆる放蕩に没頭している者も多かった。こういったすべての悪徳は、かつてはギリシア人の欠点であったところが、ローマ人は、第三次ローマ・マケドニア戦争のあいだに、たちまちにしてギリシア人からこの疾患をうけついだ。ローマの若い世代は、この悪徳にたいする情熱にはげしくとりつかれて放縦をきわめたので、一タラントで男娼を買ったり、三百ドラクマで一甕《かめ》のキャビアを買うようなことは、ごくあたりまえになっていた。マルクス・カトーは、このことについて、あるおおやけの席での演説で、「美少年が土地よりも高価であり、キャビアが家畜よりも高価だという事実をみただけでも、ローマ社会がいかに堕落しているかということがまざまざとわかる」と憤然として叫んでいる。この社会悪がなぜこの特定の時期に「燃えあがった」のかと問われるならば、その答として二つの理由をあげることができる。第一の理由は、ローマ人が、マケドニア王国の転覆によって、いま自分たちの優位に挑戦することのできる権力は、世界中にないと感じたことである。第二の理由は、マケドニアからローマにいろいろな財産が移ったので、ローマの公・私両面における物質的生活が、いちじるしく向上したということである。[1]

(1) ポリビオス「世界史」第三一巻、第二五章ローマが奈落のふちにのぞんでよろめいていた数年にわたる苦悩ののちに、圧倒的な勝利がこの共和国を訪れたが、この勝利のためにローマの支配階級がおちいった道徳的な危機の実情は、このようであった。この長年の苦悩という苦しい経験を味わってきた世代の最初の反動は、勝利者の抗しがたい物質的な力が、すべての人間の問題の解決のカギであり、人間としてかんがえる唯一の目的が、この物質的な力でつかみうるかぎりの快楽を無制限に享受することである、と盲目的な推定をくだすことであった。勝利者たちは、こういう精神状態こそが精神的敗北であり、軍事的には敗かしたはずのハンニバルのような敵に、まんまとしてやられた精神的敗北であることを悟らなかった。かれらが勝利者として通用している世界は、破滅の世界であって、勝利を誇るかれら自身のローマ共和国は、この破滅の世界を構成している疲れ切ったすべての国家のうちでももっとも手痛い傷を負っているのだ、ということをかれらはみとめなかった。かれらは、このように道徳的に逸脱して、荒野を百年以上ものあいだ放浪しつづけた。そして、このおそろしい一世紀間に、かれらは、その戦勝の結果、意のままになった世界に、つぎつぎと災厄をもたらした。だが、そのうちの最大の災厄は、自分自身にあたえたものであった。

かれら自身がえらんだ通貨というべき軍事力の面においてさえも、かれらの破産はやがてあきらかになった。ハンニバルやペルセウス〔マケドニア王〕のような敵にたいしてやっとのことで手に入れたローマの勝利のあとに、軍事力においてはまったくローマに対抗できない敵のためにたてつづけに屈辱的な後退を強いられるということがあった。すなわち、紀元前一四九年にローマ政府が冷酷な絶滅という宣告をくだし、いまは四散して武装を解かれ、ほとんど無力となっていたカルタゴ人や、ローマが屈服させようとして一五三年から一三二年にかけてあらゆる努力を払ったにもかかわらず、抵抗しつづけた野蛮なヌマンティア人〔スペイン北部の蛮族〕や、一三五年と一〇四年にシチリアの農場の奴隷労働から脱走した東方からの奴隷とか強制移住者、ハンニバルが二一八年から二一一年にかけてうろつき回ったように、七三年から七一年にかけてイタリアを自由に荒らし回ったスパルタクスにひきいられた奴隷剣士《グラディアトル》の反乱軍、ペルガモンのアリストニコスを信仰してあたらしい救いの到来を固く信じ、一三二年から一三〇年までの三年間にわたってローマの権力に反抗した「太陽の国の市民」たち、そしてまたユグルタ〔ヌミディア王〕やミトリダテス〔ポントス王〕のような反抗的な土侯〔native princes〕たちに、ローマは手こずらされている。この最後の二人は、ローマにたいする忠誠を拒否し、反抗し、最後には激怒した宗主国ローマが首尾よくその反乱軍を追いつめたとはいえ、その間にローマの力を極度に疲弊させた。

　ローマが軍事的勝利をえた直後に軍事的恥辱をこうむった理由は、この一世紀というものは、ローマの士官にひきいられている兵士たちが、もう敵にたいして勝利を収めてもなんの利益もえられないし、また、敵の方では、武器を捨てたら最後、もうなに一つ望みがもてないというところにあった。ローマの支配階級が、イタリアの農民を動員して、蛮族や東方人を征服し、そしてかれらを情容赦なく搾取したのは、自分たちの金銭的な利益のためであった。ローマの商人に有利な取引をさせたり、ローマの元老院議員の牧場や農場に安価な労働力を提供するために、各地方の財産が吸いあげられ、その住民が狩りだされた。この外来の奴隷の労働力は、少数のすでに富める階級の財産を増すために、イタリアの土地に蓄積されつつあった。この土地は、資本家たちが、かつてこの土地を所有していた農民を貧しくさせてとりあげた土地で、すべてはかれらのおもうままであった。ところで、「イタリアを破滅させた」大土地制の中心をなしているのは、南部の荒廃した地域である。この地は、もとの所有者が侵入軍にね返りを打ってこの地を敵の陣営にわたした罰として、またもとの所有者がまったく姿を消してしまったせいもあって、ハンニバル戦争後は公共の所有物になっていた。その後に戦後のあたらしい「農場経営者」や「牧場主」は、だんだんに農地をふやしていくことができたが、これは、市場に投げだされた自由保有の土地をつぎつぎに買いあげていったのである。土地の本来の所有者たちは、スペインの二州の西部国境とか、マケドニア地方の北部国境といったような慢性化した辺境戦の遠い舞台で、何年ものあいだ軍隊に動員されて、軍務に服していたわけである。

この時代のローマ共和国の臣民ならびに市民たちは、勝利の陶酔によって盗賊団と化してしまったかつてのローマの支配階級のために、同じように苦しめられていた。全ギリシア〔文明〕世界は、紀元前一〇四年に、北欧からの蛮族の大襲来という共通の脅威にさらされたが、このとき、公式にローマの保護下にある友好国ビチニア〔小アジアの北西部〕の王は、軍隊を派遣せよとのローマ政府代表の要求にたいして、痛烈な皮肉をもって、「わたしの臣下の大部分は（ローマの）

納税取立て請負人につれ去られて、現在はローマ治下の各地で奴隷となって生きている」と答えた。また、社会改革をくわだて、そのために革命を起こしたローマの高潔な一青年貴族は、紀元前一三二年につぎのようにのべているが、これはけっしてつじつまのあわぬ話ではない。

> イタリアをうろついている野獣には、穴があり、寝るところや巣がある。だが、イタリアのために命がけでたたかっている人びとには、大気と日光のほかには住むところもなければ土地もない。……これらの人びとが戦場にいって命を捨てるのは、他人の富とぜいたくのためにほかならない。かれらは世界の戦士といわれながらも、自分のものといえる土地はただの一かけらももちあわせてはいない。

この貴族すなわち、ティベリウス・グラックスは、ローマ農民を苦しめている不正をあらためようとして改革案を立案し、これに他の貴族の同意をもとめた。だが、他の貴族たちは、かれの案を支持することを武力にかけても拒否したために、革命が起こり、これがこじれて内乱となった。そして紀元前一三三年にこのいわゆる改革者が殺害されることによって、ローマ共和国の内部に放たれた自滅的な暴力は、紀元前三一年のアクティウムの海戦後に「アウグストゥスの平和《パクス・アウグスタ》」が樹立されることによって、やっと抑えることができた。

この「アウグストゥスの平和」がもたらしたものは、「黄金時代」ではなくて、ただの「小春日和」にすぎなかった。ローマの非道がそれ以前にローマ自体とギリシア〔文明〕社会全体にあたえていた損害は、とうていつぐなうことができなかった。「支配的少数者」の神々が、そのお気に入りの人びとの最後の者にあたえることができたのは、休息というものであったが、これは執行猶予ではなかった。しかもこの休息でさえも、破産にひんした神々自身の〔お気に入りの〕人びとの利益ではなくて、「新来者」の利益に帰する運命にあったのである。この新来者は、はるか彼方の地平線に目を向け、異なった救世主の力に信をおいていた「きたるべき人種」であった。ポリビオスの時代とヴェルギリウスの時代のあいだにギリシア〔文明〕世界に生じたつぐないがたい事件は、プロレタリアートの離脱であった。さらに、ヴェルギリウスの時代とマルクス・アウレリウスの時代のあいだに起こる冷酷な事件は、この「プロレタリアート」の内部に、あたらしい社会秩序がめばえはじめることであった。

グラックスが政治的手段でいやそうとした物質的な不幸は、結局のところは、ゆがんだ反社会的な方法でとり除かれることになった。土地からひき離されて、何年にもわたって兵営を家としくわを剣にかえて生活することを余儀なくされたので、帰ってきても、順調に「帰農」ができなくなってすでに久しいようなイタリア農民の子孫たちにたいして、スラからアウグストゥス自身にいたる一連の改革的な武将たちは、土地を分かちあたえようとした。ところが、こうしたためにこれまでなんとか土地にしがみつくことのできていたイタリア農民の子孫たちの方は、無慈悲にも追いたてをくらったのである。このグラックスばかりの不手ぎわな改革は、流民化して軍隊入りをした市民プロレタリアートの病よりも、もっと悪いものであった。それは、イタリアの農業に致命的な打撃をあたえた。かつてティベリウス・グラックスは、社会悪を照らしだすためのいわば照明燈として、ある政治的な演説のなかで、野獣の「穴」とか「巣」というようなたとえをもちだしたが、この寓話は、イタリアの社会問題がローマの政治のいかなる手段をもってしても手におえなくなっていたころに、シリアの一予言者〔イエス〕によって、グラックスとはまた別の、そしてよりふかい真実をしめすために用いられた。しかし、当時のローマ当局者は、この予言者から（行政上の手続きにしたがってこの男を死刑にしたときでさえも）なんの印象もうけなかった。イエスは、マントヴァの農民と同じように略奪者の手によって強奪されていたガリラヤの農民の苦悩を一身にひきうけ、律法学者にたいして「きつねには穴があり、空の鳥には巣がある。しかし、人の子にはまくらする所がない」〔マタイによる福音書第八章第二〇節〕といったが、このとき、かれは、プロレタリアートにつぎのことがらを教えようとして、グラックスのたとえを使ったのである。それは、物質的な財貨を不正にも暴力でうばわれたということは、革命的な報復を、あるいは政治的な改革さえもおこなう理由にはならず、財貨をうばわれることこそは、精神的財貨をつむことになるのだから、これはすがたをかえた祝福にほかならない、ということである。

柔和な人たちは、さいわいである、彼らは地を受けつぐであろう。……

……………

義のために迫害される人たちは、さいわいである、天国は彼らのものである。

〔マタイによる福音書第五章第五。および一〇節〕

ピナドの戦いで終りをつげる、半世紀におよぶギリシア〔文明〕世界の征服をおえてから、ローマの支配階級を滅亡させたのは、この勝利への陶酔であったが、それほどでもないが、この陶酔は、スペイン人とポルトガル人が、われわれ西洋の歴史の近代のはじめに新世界の征服をおえてから零落〔*ruin* 破滅または堕落〕し、また、イギリス人が、七年戦争でベンガルとカナダの征服をおえてから零落したのに、同じようにあらわれている。スペインとポルトガルは、一四九三年に法王から、両国間で新世界を分割するようにとの仲裁の裁定をうけた。その当時には、新世界を要求する競争国がまるでいないかのようであったが、その後一世紀とたたぬうちに、スペインの無敵艦隊が敗れて両国の独占は破られ、オランダ人・イギリス人・フランス人がアメリカのスペイン領、アフリカとインドのポルトガル領、さらにまた極東における両国の領土を、手あたり次第に略奪した。イベリア半島のこれらの先駆者たち〔スペイン人とポルトガル人〕が、最初の業績に酔いしれて、

　　われわれこそは、人に先がけて、沈黙の海に分け入った者である

ということを知って、ごう慢にもうぬぼれていたことは、いわばかれらのよろいのすき間であっ

た。それゆえに、そこへ山ねこのように目を光らせていたヨーロッパの競争者たちの敏しょうな手がのびて、十六世紀から十七世紀に移るころに、このスペインとポルトガルの両国は致命傷をうけるわけである。

イギリス人についていうならば、運命の女神は、片手でカナダを、そして同時にもう一方の手でベンガルを、イギリスにあたえるという格別の気まえのよさをしめしたのだが、このために、イギリスは、それ以前にも、またそれ以後にももつとめて保持している節度を、一時的にうしなう。一七六三年には、全インドはもちろんのこと、北アメリカ全体を併合することが、イギリス帝国の「あきらかな運命」であるとおもわれていた。しかし、大英帝国は、その二十年後には、この二つの亜大陸のうちの上等な方をうしない、さらに、もう一方をもいまにも全部うしないかけるという危険に直面している。歴史の裁定によると、なるほどいままでは、第一イギリス帝国の分裂に責任があるのは、イギリスの政治だけではない、ということになっている。近年アメリカの歴史学者は、一七七五年から八三年にいたるかの共殺的な戦争〔アメリカ独立戦争〕〔*fratricial war* 同胞殺戮戦争〕における戦争責任が、双方にあることをしめそうと、大いにつとめてきた。また、ウォレン・ヘイスティングス〔初代インド総督〕は、一世紀半まえには、悪名が高かったが、今日ではそうではない。にもかかわらず、依然として問題にされているのは、一七七四年以降にイギリスがカナダにたいして何回もしめしたと同じような駆け引きや考慮を、一七六三年から一七七五年にいたる間に、アメリカの十三州にたいしてしめしていたならば、これらの植民地をうしなわなくてすんだかもしれないということである。プラッシーにおける大勝に酔ってから二十六年のあいだの、クライヴからウォレン・ヘイスティングスにいたる東インド会社の東洋駐在員たちの略奪行為は、一七八三年に生まれようとしてついに日の目を見なかったインド法案、一七八四年にやっと効力をもったインド法案、そして一七八六年から九五年にかけてのながったらしい裁判〔ヘイスティングスがうけたもの、結局は無罪放免になった〕によって阻止されたが、もし阻止されなかったとすれば、とうていベンガルを保持することはできなかったであろうし、なおさら、ベンガルを拡大して全インドを包含する帝国にすることもできなかったであろう。クライヴがどれほど「自分自身の節度」に「驚嘆していた」ところで、かれは、お世辞にも美徳のもち主であったとはいえない。イギリス人は、かれの極端な無遠慮のおかげで、いきなり東洋に一つの領土を手に入れることができた。しかし、かりにイギリス人がアメリカの地における災厄によって冷静をとりもどし、クライヴの道徳的な水準をたかめようと努力しなかったなら、クライヴの行為のために、たちまちにしてこの東洋の領土をきっとうしなったにちがいない。

第七章　ゴリアテとダヴィデ

人類の軍事史のなかに、小さな毛のやわらかい哺乳動物と、巨大な皮の厚い爬虫類との生物学的な競争に似たものがあるかといえば、それは、ダヴィデとゴリアテの血闘〔duel 決闘〕についての物語である。かりにこの伝説上のシリアの一騎打ちをわれわれの出発点にとりあげるとすれば、新式の軍事技術と旧式の軍事技術とのあいだにつづけられた一連の試合においても、これと同じドラマが演じられ、くり返されていることがわかる。

ゴリアテは、イスラエルの軍隊に挑戦する宿命的な日までは、柄は織機の捲き軸のような、穂先は重さ六百シケル〔古代バビロニアやヘブライの重さの単位〕もの槍で、数々のかがやかしい戦勝をあげたが、そのかれはかぶと・胴よろい・楯・すねあてといったふうに全身を具足で固めると、敵の武器にたいして自分がまったく安全であるような気がした。そこで、かれは、もうこれ以上の武装はないとかんがえ、この武装さえしておれば無敵だと信じる。そして、一騎打ちの相手になる戦士はおらぬかと挑戦する。かれは、出てくる戦士が、かれと同じように頭の先から足のつま先まで武装しているものと想像し、フィリスティア〔ペリシテ〕の戦士である自分と同じ武器でたたかうほど向こうみずなイスラエル人は、だれでも容易に打ち負かせると確信している。ゴリアテは、この二つのかんがえを信じて疑わない。ところが、かれを迎え撃つためにすすんでくるダヴィデをみてみると、この敵は身によろいをまとわず、目につくものは手にもっている一本のつえだけで、それ以外にはなんの用意もしていないようにみえた。そこで、おどろくよりも憤慨したゴリアテは、「つえをもって、向かってくるが、わたしは犬なのか」〔サムエル記上第一七章第四三節〕と呼ぶ。ゴリアテは、この若者の大胆さが少年じみた愚かさではなくて、それどころか、注意ぶかくかんがえた計略〔戦術《manœuvre》〕であるというふうにはおもわない（ダヴィデは、実際には、ゴリアテと同じ武器ではとうてい勝ち目がないということをゴリアテと同じくらいよく知っていたから、サウル〔イスラエルの王〕が無理やりにすすめたよろいを、一度はつけてみたものの、拒絶したのである）。また、ゴリアテは、つえをもっていない方の手にある石投げに気がつかないで、この羊飼い〔ダヴィデ〕の袋のなかにどんなたくらみがかくされているかをかんがえてみもしない。そこで、この不運なフィリスティアの怪物は、堂々と大またで歩みでて、むきだしのひたいを石投げのまとにさしだすこととなり、このとるに足らぬ敵によって、これまではかならず敵を倒したゴリアテの槍のとどかないところから、たった一発の石で殺されてしまう。

　地上の生き物の歴史において、このような悲運をまねきよせ、それにみまわれた重装備の歩兵は、このガテ〔フィリスティアの都市〕のゴリアテが最初ではなかった。なぜなら、ゴリアテの祖先、すなわち、人類の祖先が、この地上に出現する以前の爬虫類や哺乳類は、かれよりもはるかに重いよろいを身にまとっていたからである。

一つの魅惑的ではあるけれども、結局はいつも破滅的な(進化)の道は、防具の発達ということであった。生物が身をまもる方法はさまざまで、かくれたり、はやく飛んだり、効果的な反撃を加えたり、同種の他の個体といっしょに攻撃したり防禦したり、また骨質の甲羅や背骨のなかにとじこもったりする。デヴォン期の硬鱗魚類は、この最後の方法をとり、かがやくよろいのなかに身をひそめた。中生代後期の大とかげ類のあるものは、精巧な甲羅をもっていた。第三紀系の哺乳類の或るもの、とくに、南アメリカのそれは、巨大で異様な生物であった。そして、これらの動物がこれほど武装するのに、どのくらいながい期間の進化の歴史が必要であったかは、驚嘆に値する。武装するというこころみは、つねに効を奏しなかった。それを採用した生物は、それをもてあましがちであった。かれらは、比較的動きがにぶくなったし、そのために、菜食を主としなければならず、それゆえに、もっとはやく「滋養になる」動物性の食物をとっている敵とくらべると、一般に不利であった。保護用のよろいが再三再四役にたたなかったことをみるならば、幾分低い進化の段階においてさえも、たんなる物質よりも精神の方がまさっていたことがわかる。人類にしめされている例こそはこの種の勝利の最上の例である。(1)

(1) E・W・バーンズ『科学理論と宗教』四七四―五頁

この理想的な例は、ダヴィデとゴリアテの伝説にしめされている。この古典的な話は、人間の武装競争の歴史が、徐々にくりひろげられるにつれて例証されている一つの哲学的真理を、あらゆる時代にわたって要約している。しかし、それと同時に、一つの歴史的事実としていえることは、ミノア文明以後の空位期の重装歩兵（ガテのゴリアテや、トロイア〔トロイ〕のヘクトルのような人物）が、ダヴィデの石投げやフィロクテの弓に屈したのではなくて、ミルミドン人の密集隊形、すなわち、多数の重装歩兵が肩と肩、かぶとかぶと、楯と楯とを寄せあうという本当のレヴァイアサン〔巨人〕に屈したのである。隊列のなかにいる個々の兵士は、武装したヘクトルやゴリアテに類する者ではあったが、その精神は、ヘクトルなどとは反対であった。なぜなら、密集隊形の本質は、それを構成する武装兵の装備にあるのではなくて、訓練〔*discipline* 規律〕にあったからである。個々の戦士の野蛮な烏合の衆が、訓練によってある軍事的隊形にかえられるという秩序ある進化は、それと同じようによく武装した同数の個々の戦士がばらばらに努力して達成しうることの十倍をもなしとげることができるようにした。

　このあたらしい軍事技術は、すでに『イリアス』〔ホメロスの叙事詩〕のなかに、わずかながらその発達が予感されているが、これがまぎれもなく歴史の舞台に登場したのは、スパルタの方陣〔*phalanx* ファランクス〕というかたちにおいてであった。これは、スパルタ軍が、第二回メッセニア・スパルタ戦争の際に、社会的には災厄をもたらした軍事的勝利をえんがために、テュルタイオス〔紀元前七世紀のギリシア詩人〕の歌のリズムにあわせて進軍したときの隊形であった。しかし、スパルタ方陣の勝利は、決定的なものではなかった。それは「敵軍」全部を戦場から駆逐したのちに、こんどはあたらしい技術に屈する。そして、紀元前四三一年から四〇四年にかけてのアテネ・ペロポネソス戦争での勝利に気をゆるしてスパルタ人が「オールを休めた」とたんに、たちまちにしてスパルタ方陣の敗北という困った事態が生じたことは、意義ぶかい。アテネ・ペロポネソス戦争での勝利は、ギリシアにおけるスパルタの軍事的優越を完全なものとし、二百年以上もまえに同じスパルタの戦術がメッセニア人を打ち負かしてえた勝利をかざるものとおもわれていた。紀元前四〇四年のアテネの崩壊から三十三年しかたたぬうちに、勝ち誇るスパルタ方陣は、不面目にも惨敗を喫するのである。最初は、アテネの軽装兵（これは、ゴリアテたちの方陣がまったくたち向かうことのできないダヴィデたちの群ともいうべき存在であった）に敗れ、つぎには、テバイ（テーベ）の縦陣に敗れた。この縦陣は、方陣を改良したもので、その奥行きと重点のおき場所と「突撃力」とを不均等に配分して、訓練という遺産に奇襲というあらたな要素をつけ加えたのである。しかしながら、アテネとテバイの技術は、連続的に勝利を博するにつれて、スパルタの技術自体と同じほど急速かつ確実に台無しになっていった。なぜなら、アテネとテバイがそれぞれ紀元前三九〇年と三七一年に、スパルタの方陣にたいしてそれぞれにえた勝利は、三三八年に、マケドニアの隊形によって、一撃のもとに無に帰せしめられてしまうからである。このマケドニアの隊形においては、高度に分化した散兵と密集兵とが、重騎兵とたくみに結合されて、単一の戦闘部隊をなしていた。

軽装兵を周囲に配し、騎兵を備えたマケドニアの密集隊形は、戦争の手段としてはマケドニアとスパルタの征服した土地の広さの相違と同じ程度にスパルタの密集隊形よりもはるかにすぐれていたが、それ以上に両者の技術の差は大であった。なぜなら、スパルタ軍はギリシアを征服したにすぎないが、マケドニア軍はギリシアとアケメネス〔ペルシア〕帝国の両方を征服したからである。マケドニア人は、〔アテネの〕ケフィス川や〔スパルタの〕エウロタス川の川岸から〔中央アジアの〕ヤクサルテス川や〔インドの〕ベアス川の川岸にいたるまでのあいだ、なんらかれらに匹敵するほどの敵にであうことなく、意のままに進軍していった。しかし、マケドニアの軍事装置がすぐれていたということは、フィリッポス二世とその子のアレクサンドロス大王がつぎつぎに撃破した多くの軍事的国家の名を列挙することによってではなくて、フィリッポスがカイロネイア（ケーロネア）のたたかいで大勝してから百七十年後にたたかわれたある決戦で、マケドニアを打ち負かした敵の一指揮官が、戦闘ののちに明言したつぎのことばによって、もっとも印象的に証明される。

執政官ルキウス（アエミリュウス・パウルス）は、ローマとペルセウス〔マケドニア王〕との戦争で、（はじめて）密集隊形にでくわすまでは、この密集隊形というものをいまだかつてみたことがなかった。そこでかれは、戦争がすっかり終わったのちに、故国の友人にむかって、マケドニアの密集隊形は、これまでに自分がみたもののうちでもっとも手ごわいおそるべき隊形であると、あけすけに告白するのがつねであった。しかもこれは、当代の他のどの武将よりも多くの戦闘を目のあたりにしたのみか、実際にこれに参加した軍人の口からでたことばなのである。(2)

②　ポリビオス、第二九巻第一七章

しかしながら、紀元前一六八年にピドナにおいて勝利をえたのは、ペルセウスの密集隊形ではなくて、パウルスの軍団であった。だから、マケドニアの隊形についてのいま引用したばかりの讃辞は、同時にまた、その密集隊形に死の打撃をあたえたローマ軍指揮官が、マケドニアの隊形の遺骸のうえでのべた追とう演説でもあるわけだ。紀元前四世紀のアテネやテバイやアケメネス帝国の戦闘部隊が、フィリッポス二世やアレクサンドロス大帝のマケドニア軍に刃がたたなかったと同様に、紀元前二世紀のマケドニア軍は、ローマ軍にほとんど刃がたたなかった。マケドニアの軍事的運命がこうも劇的な「主客転倒」［reversal of roles 役割の逆転］にでくわした原因は、過去五世代にわたってひきつづいて無敵であった技術にいつまでも追従していたことにある。マケドニアは、小国のアテネやテバイに辛勝したのちに、巨大なアケメネス帝国をらくらくと征服したが、そのとき以来、マケドニアの兵士たちは、居住可能の世界の、外辺をのぞいたすべての土地のゆるがぬ支配者として、「オールを休めた」のであった。この間に、かれらの西の境界のかなたでは、ローマ人が、ハンニバルとの一大闘争における苦しみからえた経験をもとにして、戦争の技術を革命しつつあった。アレクサンドロス以後のマケドニアの戦闘装置よりもハンニバル戦争［ポエニ戦争］以後のローマの方がはるかにすぐれていたことは、両軍の最初の衝突において決定的にしめされた。すなわち、紀元前二〇〇年に、イタリアでおこなわれた騎兵同士の小ぜりあいにうかがわれたその前兆は、紀元前一九七年のキノスケファラエのたたかいで具現し、一六八年のピドナのたたかいで確かめられた。

ローマ軍団がマケドニアの密集隊形に勝ったのは、さきにマケドニアがはじめていた、軽歩兵と密集兵とを統合した隊形をば、ずっと先へすすめたからである。マケドニアの技術では、この統合が成功するかどうかということは、それぞれの装備と訓練がこれ以上ありえぬほど極端に異なっている、この二種の軍隊をどんな風に念には念を入れて正確に並列させるかということにかかっていた。しかも、これらの軍隊は、事実上はあくまで別個の単位をなして分かれていた。もし、マケドニア型の密集兵と軽歩兵との、この死活にかかわる並列が、たまたま戦場で破れるとすれば、それは、そのいずれもが、極端な分化のせいで、もっと融通性のある敵の意のままになるという危険を内蔵しているためである。したがって、勝敗のいかんは、戦場における軍隊の展開動作の精密さいかんにかかっていた。しかも、その必要な精密さは、とても保証のかぎりでないことがあきらかであった。マケドニア軍はキノスケファラエで霧がたちこめたり、ピトナで土地に起伏があったり、というような思いがけぬ自然の不幸で隊形がみだされ、そのうえにハンニバル戦争以後のローマ軍のような能率的な戦闘部隊を敵にまわしたとあっては、その結果は目もあてられなかった。

このローマ軍の能率は、ごく最近にえられたものであった。なぜなら、ギリシア〔文明〕世界内のイタリア半島中部においては、マケドニア以前の、そしてまた実際にはテバイ以前の型の旧式の密集隊形が、カンネーのたたかい〔紀元前二一四年〕のころまで、戦場にあらわれていたからである。カンネーの戦闘では、旧式のスパルタ型の方陣を布いたローマの重装歩兵は、背後からハンニバルのひきいるスペインおよびガリアの重騎兵のために包囲され、そして両側面に回ったアフリカ重装歩兵によって家畜のように虐殺されたのであった。だが、ローマ軍は、ハンニバル戦争で再三の敗北をこうむった手痛い教訓にかんがみて、歩兵技術の改良にのりだした。この改良は、当時のマケドニア式戦法の最大の弱点をなくすることによって、ローマ軍を、当時のギリシア〔文明〕世界における、もっとも非能率的な軍隊からもっとも能率的な軍隊へと、一挙に変形してしまった。こういう創造的な期間に、ローマ軍は、あたらしい型の武装とあたらしい型の隊形を発明し、このおかげで、どんな兵士も、どんな隊も、軽歩兵と重装歩兵のどちらの役割をも演ずることができるようになり、敵前においてただちに一つの戦術から他の戦術へと転換しうるようになった。

紀元前二〇〇年に第二回ローマ・マケドニア戦争がはじまるまでの百年以上ものあいだ変化しなかったマケドニアの技術よりも、ハンニバル戦争後のローマの歩兵技術の方がすぐれていたことは、当時の一アルカディア人ポリビオスの観察が、はっきりと説明してくれている。

この密集隊形は、容易に例証できるように、無比の強力な技術をそなえ、正面から刃向かおうとするいかなる敵の隊形をも、一掃することができる。その出撃には抗しがたい。……それでは、ローマ軍の勝利をどのように説明すればよいか。そしてまた、それが密集隊形を使用したため、敗北するにいたった、その手がかりはなにか。

この手がかりは、情況と地勢の双方の不定性（これは、実戦では、ついてまわっているものである）と、密集隊形の非弾力性という要素のあいだの、くいちがいにもとめられる。密集隊形というものは、実際には、ある特殊の情況のもとにおいて、そしてまた、ある特殊な地勢においてのみ、効力を発揮しうるものなのである。もちろん、決戦というとき、敵がたまたま密集隊形に適した情況と地勢でたたかわねばならないとすれば、密集隊形を使って勝利をうしなうというようなことはよもやないであろう。しかし、もし敵がこういう条件でたたかうことを欲しないことがありうるとすれば（しかも、これが容易に可能であるとすれば）、密集隊形は無敵ではなくなるわけだ。

さらにまた、つぎのことがらをみとめるべきである。すなわち、密集隊形をとるためには、平坦で、掘割りとか露頭とか峡谷とか断崖とか水流のような障害物がない地勢が必要である。こういった障害物は、どれでも、密集隊形を容易にみだし、隊形をくずすもととなる。また、つぎのことをみとめるべきである。密集隊形に必要な地勢、すなわち、二千ヤード、ないしそれ以上にわたって障害物がない地勢というものは、ほとんどみつけることができない。すくなくとも、そういった地勢はごくまれにしかない。たとえそのような土地がみつかったと仮定しても、すでに指摘したようにかならずそこで敵がたたかってくれるとはかぎらない。…………（たとえ敵が平坦な土地で密集隊形とたたかうことをうけ入れたとしても、敵は、軍隊の一部を予備にとっておいて、そののこりで密集隊形をひきつけ、やがてその戦列がゆるみ、側面をさらけだすにいたって、密集隊形の側面や後部にもはや軽歩兵や騎兵がいないときをみはからって、やおらこれに予備軍を投じ、こうして勝利を収めるということもありうるわけである）。[3] 要するに、敵は密集隊形に有利な情況を容易に避けることができるのに反して、密集隊形の側では、味方に不利な情況を避けることができない。そして、わたしののべたような事実が真実だとすれば、これは、あきらかにひじょうなハンディキャップである。

さらに密集隊形も、他の隊形と同じように、あらゆる種類の土地をとおり、露営し、敵に先んじて要地を占領したり、包囲したりされたり、不測の緊急事態に遭遇しなければならぬ。こういった行動は、すべて戦争の一部であって、勝敗のなりゆきに影響をおよぼし、ときとしてはその決定的な要因となる。しかも、マケドニアの軍事技術は、そういったいっさいの行動に不器用であり、ときとしてはまったく無能そのものであった。なぜなら、それは、密集兵が、隊ないし個人として、十分に力を発揮することをさまたげていたからである。他方、ローマの軍事技術は、こういった行動のすべてにたいして一様に効果的であった。なぜなら、ローマの兵士はすべて、一たん武器をとって任務につくと、ありとあらゆる種類の地勢とか情況とか緊急事態に同じように対応したからである。それのみか、かれらは、全面的交戦に参加するとか、部分的な交戦に参加するとかの区別なく、あるいは、集団としての行動と、個人としての任務を遂行するとの区別なく自分の得手では、同じようであり、同じように情況に通じていた。このように、ローマの戦闘装置は、細目的な能率の点で、敵よりもはるかにすぐれていた。であるから、ローマ人が、その軍事目標を、敵よりもはるかにみごとに達成しえたのは、至極当然である。

(3) この部分は原書〔ポリビオス〕の要約である——A・J・T

この融通性は、成熟したローマの軍事的才能の特徴であって、これが、軽装兵と甲冑兵の統合を完全にした。なぜなら、前者の機動性と後者の強力さが、いまや軍団兵の一人びとりのなかに結合されるにいたったからである。この軍団は、ハンニバル戦争が契機となって生まれ、旧式なマケドニアの軍勢にたいして使用されて破壊的な効果をあげたのち、蛮族や内乱にたいするローマの軍事行動をつうじて、マリウスからカエサル〔シーザー〕にいたる一連の偉大な武将によって完成された。それは、火器の発明以前の歩兵としては、最大の能率を有する軍団となった。しかしながら、軍団兵がかれらなりに完全となりつつあったその瞬間に、まったく異種の技術を具備した一対の武装騎兵、すなわち軽装騎馬弓兵とくさりかたびらをつけた槍騎兵、ないし投げ槍をもった甲冑騎兵のために、最初の敗北を喫した。そしてこの敗北は、以後ながくつづくことになるのである。これらの騎兵は、結局のところ、軍団兵を戦場から混乱のうちに遁走させた。紀元前四八年に、ファルサルスにおいて、軍団兵対軍団兵の古典的な戦闘がおこなわれた。この当時、ローマの歩兵技術は、その頂点に達していたとおもわれる。ところが、その五年まえの前五三年には、カラエにおいて、はやくも騎馬弓兵が軍団兵にたいして勝利を収めていた。カラエの前兆は、四世紀以上ものちになって、アドリアノープルのたたかいで確認されることになった。西暦三七八年に、この地において、甲冑騎兵が軍団兵にとどめを刺した。

軍団兵は、ほとんど六百年のあいだ（その間次第に困難になってきてはいたが）、ともかくもその優位を保持しつづけてきた。ところが、アドリアノープルの不幸は、この優位を悲劇的に終わらせることになった。この戦闘は、ローマの歴史家であるとともに、その当時ローマ軍の一将校であったひとによって、如実にえがかれている。(4)

(4) アンミアヌス・マルケリヌス『歴史』第三一巻第一一—三章

この悲劇の前夜においても、伝統的なローマの軍事技術にたいするローマ軍高官の自信は、依然としてうぬぼれにみちみちていた。当時ローマ領であったトラキアを荒らしていたゴート人と交渉することに成功したばかりの皇帝ヴァレンスは、ただちにこの御しがたい蛮族にたいしてこらしめの軍を起こすように主張する。そして、かれは、かれの幕僚である甥のグラティアヌスの軍隊が、西部から強行軍で応援に来つつあり、この援軍がまもなく自軍と合流するとのしらせをうけとったにもかかわらず、これを待とうとしなかった。一方、ゴート人はゴート人で、これほどの強力なローマの軍事的反応をひき起こしたことに不安を感じて、憤激している敵の皇帝に、遅ればせながら申入れをしようとしていたのに、皇帝はそれをうけようとしなかった。そこでヴァレンスは、ただちに軍団に、ゴート人の野営地にたいして進軍するように命じた。最初は、かれのこの非妥協的な政策は、見事な効果をあげるかにおもわれた。

(軍団兵の) 武具のふれあうおそろしい物音や、楯をたたく威嚇的な音に、蛮族たちはおびえきって、和を乞うために使節を送ってきた。蛮族たちは、一部の軍隊が不在であるために、弱体化してもいた。この軍隊とは、アラテウスとサフラクスの指揮下で遠くの地での作戦に従事している軍隊であって、帰還命令はすでに発せられているが、まだ本隊に復するにはいたらなかった。

ローマの軍団はただの一撃も加えることなしに、勝利をえたかにおもわれた。だが、実際は、ヴァレンスの非妥協的な態度によって、ゴート人の士気はくじけたどころか、かえって絶望のあまりに勇気をふるいおこした。その談判はいつわりの手であった。

ゴート人の指揮官フリティゲルン〔西ゴート王〕の目的は、重騎兵からなる不在部隊の帰るのを待って、これをふくめた全軍でローマの挑戦に応じることができるようになるまで、時間をかせぐということにあった。このかれの計略はみごとに当たった。ローマ軍が食糧も水もなしに暑熱にさらされて武装したままで待機しているあいだにかれは談判を切りあげることに成功し、「こんどは、ゴート人の騎兵が、アラテウスとサフラクスを先頭にアラニ人の分遣隊で強化されて、ふたたび戦場にあらわれ、いなずまが山々を打つように、ローマ軍に打ってかかり、電光石火の突撃をみせ、白兵戦では殺せるだけのローマ軍兵士を殺しまくって殺人の旋風をまき起こした」。軍団兵は隊伍をみだし、一カ所に追いつめられ、もはや剣をふるうことはおろか、それを抜く余地さえなくなってしまった。そしてかれらは、このあわれな状態で、祖先がかつてマケドニアの密集兵にあたえた運命をこうむった。甲冑騎兵は、軍団兵をこのぬきさしならぬ窮地に追いつめてからも、なお攻撃の手をゆるめず、敗敵にたちなおるすきをあたえなかった。「ついに、ローマ軍は蛮族の攻撃の重さと『押し』に負けて後退し、軍団兵はいまや絶望的な情況のもとでの最後の手段に訴えた。すなわち、算をみだしてわれさきにと敗走した」。かの歴史家〔アンミアヌス・マルケリヌス〕が事実として証言しているところによると、「ローマ軍の死傷者は、戦闘員実数のおおよそ三分の二の多きにのぼった」（皇帝ヴァレンス自身も行方不明の一人であった）とのことである。そしてこの歴史家は「カンネーの戦闘を別とすれば、ローマ軍事史の年代記全体のうちで、これほど多数の者が殺りくされた戦闘はほかになかった」という意見をのべている。

アンミアヌスがアドリアノープルのたたかいをカンネーのたたかいと比較していることは、かれの歴史眼の正しさを証明している。なぜなら、ローマ歩兵がハンニバルの重騎兵にほんろうされたカンネーの大量殺りくが原因となって、ローマの軍事的才能は、旧式のスパルタ型の不器用な密集隊形を、機動的な軍団にかえるにいたったからである。この機動的な軍団は、それよりさきに、最初はザマで、ついでキノスケファラエとピドナで、勝利を博していたのであった。しかしながら、アドリアノープルの戦闘がおこなわれたのは、カンネーの教訓をあたえられて以来、ほぼ六百年の年月がたってからのことであった。そしてこの六百年のあいだに、ローマの軍団兵は、むかしのマケドニアの密集兵と同様に「オールを休めていた」のであり、ついには、ハンニバルのヨーロッパ遠征軍よりももっとおそるべき軍隊、歩兵技術を思いきって改革しないことにには効果的にたち向かうことのできない軍隊、すなわち、東洋の重騎兵によっておそわれ、じゅうりんされることになった。効果的に改革する方法は、ついには発見された。しかし、一千年もたってからであった。しかも、それは、ローマ人の才能によってではなかった。ローマ人は紀元前五五年に、クラックス〔カルラエの敗将〕がこうむった災厄とか、西暦二六〇年に、皇帝ヴァレリアヌスがうけた災厄とか、三六三年に皇帝ユリアヌスが味わった災厄などによって、ローマ軍団は東洋の騎兵よりもおとっているという警告を何度もうけとっていたのに、かれらは、すこしも歩兵技術に新鮮で創造的な改良を加えようとはしなかった。かれらは、軍団を改革することなく、その運命のままにまかせておいた。かれらは、やがて三七八年に、アドリアノープルで「ノック・アウトの打撃」をくらったときには、敗北した軍団を捨て去って、勝利をえた〔敵の〕甲冑騎兵を二番せんじで引きつぐ以外には、なんら独創的な救さい策をかんがえつくことができなかった。グラティアヌスの幕僚であり、後続者であるテオドシウスは、ローマ歩兵をせん滅した報いとして、蛮族の騎兵をローマ歩兵のかわりにやといこんだ。ローマ帝国政府は、こういう近視眼的な政策によってしばしの執行猶予を買いとるためには、やむなく代価を支払い、蛮族の傭兵部隊が帝国の西部諸州を蛮族の「後継国家」に分割するのをみなければならなかった。だが、そのときには、西部諸州のように手遅れになろうとする一歩手前で、ギリシアと東洋の諸州を救ったあたらしいローマの土着の軍隊は、蛮族式に武装し、騎乗していた。

軍団の末期の恥の上塗りをしめすものは、西暦三七八年に、トラキアの平原でかれらを打ち破った甲冑騎兵自体がすでに旧式のものであったという奇妙な事実である。紀元前五三年にカルラエ〔現トルコ南東部ハッラーン〕でクラッススの軍団を降伏させたパルティア人の騎兵は〔ユーラシア〕土着の遊牧民と同じように騎馬弓兵であった。ところが、アドリアノープルでヴァレンスの軍団をせん滅したサルマティア人とゴート人の甲冑騎兵はただの槍騎兵であって敵中にまっしぐらに突入するという粗暴かつ粗野な戦法で勝利をえたのであった。紀元前五三年にスレナスのひきいる騎馬弓兵部隊がカラエでおこなったように、無尽蔵のラクダの兵站部隊によって供給される矢を間断なく放って敵を圧倒するという洗練された方法をとるようなことは、かれらにはできなかった。カラエの戦闘によって「世界の戦争の様相は一変してしかるべきであったのに、実際には、大した影響を生まなかった。なぜなら、スレナスは翌年殺され、かれの部隊は解体したからである」。未来は、軽装騎馬弓兵の手にあったのではなくて、甲冑騎兵の手ににぎられていた。ところで、この甲冑騎兵は、カラエにおいては、パルティア軍のなかに加えられていただけで、よろいをつけていない戦友のかがやかしい勝利のかげにかくれ、なんら目につくほどの功績をあげなかった。だが甲冑騎兵は、アッシリア歩兵のよろいを身につけるとすぐ、遊牧民の弓を捨てて、甲冑兵の槍をとりあげはじめた。初期のアッシリアの甲冑騎兵は、依然として騎馬弓兵であった。また、紀元前三三一年に、ガウガメラで、アケメネス朝最後の王〔ダレイオス三世〕のためにたたかった一千名のサカ人〔パルティアス人〕の軍勢は、馬も人もよろいをつけてはいたものの、依然として弓をもっていた、と記録されている。しかしながら、このサカ人の準甲冑騎兵は、戦闘の際には、矢を射ようとはせずに突撃した。ドゥーラ〔シリアにあるヘレニズム時代の遺跡〕の「掻き絵」にえがかれているパルティアの完全な甲冑騎兵は、槍をかかえているだけで、弓は全然もっていない。カラエにおいては、軽装騎馬弓兵がクラッスス軍に勝ったし、ローマ・パルティア戦争のつぎの段階には、甲冑騎兵がヴェンティディウス軍への攻撃に失敗しているし、さらに、マルクス・アントニウス軍とのたたかいでは、またまた軽装騎馬弓兵が勝っている。パルティア人は、これらの事実にもかかわらず、甲冑騎兵を選択したのである。そして、アルサケス朝〔パルティア〕の例は、その後継者であるササン朝〔ペルシア〕のならうところとなった。もちろん、プロコピウス〔東ローマ帝国の歴史家〕の伝えているところによると、ベリサリウス〔東ローマ帝国の将軍〕のひきいた六世紀のローマの甲冑騎兵は、アッシリア式の騎馬弓兵であったとのことである。だが全般的には、甲冑騎兵は武装槍騎兵であって、カラエにおいて軽装騎馬弓兵が勝利をえてから千二百年のあいだ馬を捨てなかった武装騎馬弓兵ではない。そして、この槍騎兵の装備は、一千年以上もの期間にわたって、しかも、ヨーロッパとアジアの各地にまたがって、おどろくほど似かよっている。槍騎兵は、どんなふうに絵にえがかれていようと、すぐわかる。西暦一世紀のクリミアの墓所の壁画にえがかれたものであろうと、三世紀から六世紀にかけてのファールスのササン朝の王がつくった薄浮彫りであろうと、極東の唐朝(西暦六一八—九〇七年)の兵士たちをかたどった粘土のちいさな立像であろうと、あるいはまた征服王ウィリアム〔ノルマンディー公〕のひきいるノルマンの騎士によって旧式なイングランドの歩兵が打ち破られるさまをえがいたバイユー〔ノルマンディーの町〕にある十一世紀のつづれ織りであろうと、槍騎兵の姿はすぐにわかる。

甲冑騎兵がこのようにながいあいだ、しかもいたるところに存在したことは、おどろくべきことだが、それがいたるところに存在するようになるのは、ただ退化したかたちにおいてのみだということも注目に値する。一つのものがただ広範囲かつ大規模におこなわれるということは、それが退化の徴候でありがちだから、甲冑騎兵の歴史にかんするつぎの文章を読んでも、われわれはおどろきはしないであろう。もう一度、同時代のひとのことばをとりあげてみるが、この筆者は、実際の目撃者である。

わたしが次官の軍隊にいたころ、かれは、平和の都（バグダード）の西部にいるタタール人を討伐にでかけた。それは、バグダードが最大の災厄をこうむった回教暦六五六年（この災厄は、西暦一二五八年一月八日にはじまった）〔フラグ汗が同市を攻撃し、アッバス朝を滅した〕のことである。われわれは、ドゥヤイールの属領の一つであるナール・バシールで敵に遭遇した。そして一騎打ちを挑むために、われわれのなかから一人の騎士が、甲冑に身を固めアラビア馬にのって、すすみでた。そこで、かれとかれの馬とは、合わせてなにか大きな山のようにがっしりとみえた。すると、蒙古軍のなかからは、ロバのような馬にまたがり、紡錘のような槍を手にし、衣服もまとわず甲冑もつけない騎手があらわれた。それで、これをみた者はみな、吹きださざるをえなかった。だが、その日がくれないうちに、勝利は敵のものとなり、われわれは大敗北をこうむった。この大敗北は「わざわいの鍵」であった。そして、その後、きたるべき運命がわれわれにもきた。(5)

(5) イブン・アト・チクタカが、その著『キタブ・アル・ファクリ』のなかに引用しているアイディミル生まれのファラカド・ディン・ムハメッドの一文——E・G・ブラウン『原典ペルシア史』第二巻四六二頁

このようにして、シリア史の黎明期におけるゴリアテとダヴィデとの伝説的な決闘は、それからおよそ二千三百年後のシリア史のたそがれ期に、たしかな歴史上の一事実としてくり返された。この場合には、巨人と小人は、徒歩でなくて馬上でたたかいをまじえた。だが、その結果は同じことであった。

無敵のタタール人騎兵は、イラクの甲冑騎兵を打ちまかし、バグダートを略奪し、アッバス朝の回教王をその宝庫のなかで餓死させることによって、アケメネス帝国を再生して世界国家の再統合をなしたカリフ国の最後のとどめを刺した。このタタール人騎兵は、むかしながらのまぎれなき遊牧民型の軽装騎馬弓兵であった。この種の弓兵は、紀元前八世紀から七世紀への転換期におけるシメリア人とスキタイ人の侵入によって西南アジアにはじめて威力が知られ、おそれられていたものである。西暦十三世紀には、こんどはタタール人が草原地帯の中心部から進出してくるが、その中心部では、古来の遊牧民の軍事技術が、いまだに生きつづけ、その最後の段階においてもよろいを着ける不手ぎわな軍事技術にまさっていることをはっきりとしめした。この不手ぎわな軍事技術は、おおよそ二千年ものあいだ、創意に欠け、ながく停滞し、模倣をこととしてきた定住社会が、遊牧民の軍事技術をまねてつくりあげたにすぎなかった。だからこの歴史的な瞬間には、馬上のダヴィデは、馬上のゴリアテに当然勝つべくして勝ったのであるが、その後のなりゆきもまた、かつてのダヴィデとゴリアテの物語の結果と同じになった。その後、ダヴィデの石投げに倒されたくさりかたびらをまとった徒歩の戦士にとってかわったのは、ダヴィデ自身ではなくて、ゴリアテのような兵士の密集隊形であった。この兵士たちは、それぞれゴリアテと同じ武装をしてはいたが、一騎打ちという原始的なスポーツにふけるかわりに、規律ある隊形でたたかうことによって、いっそう効果的にたたかえるように訓練されていた。そして騎兵の時代となっても、やはり訓練というものが個人主義にたいしてものをいうのである。なぜなら、一二五八年に、バグダードの城壁の下でアッバス朝回教王の騎士たちを打ち負かした軽騎兵はその後一二六〇年、一二八一年、一二九九年から三〇年にかけて、さらに一三〇三年というふうに再三再四破られるからである。それは、きまって、かれら〔蒙古人軽騎兵〕がエウフラテス川をわたり、シリアとエジプトを支配するマムルーク〔エジプト騎兵団〕とけりをつけようとしたときのことであった。アッバス朝の回教王たちは、われ先にとこのエジプト騎兵団のところへ避難した。マムルーク騎兵は、武装の点では、数年前にナール・バシールできわめて不面目な負け方をしたイスラム教徒の騎士たちにくらべて、良くも悪くもなかった。しかし、その戦術においては、マムルーク騎兵は、規律にしたがう点で、その名と地位に恥じなかった。この訓練のおかげで、蒙古の狙撃弓兵やフランクの騎士の武者修業に勝ったのであった。

われわれは、以上においてゴリアテとダヴィデが、最初は徒歩でたたかい、ついで馬上でたたかうのをみてきたのであるが、いまこの戦場を去るにあたって、ぜひともみておかなければならないのは、この一対の闘士が海上でその決闘をくりかえす場面である。[6]

⑹　歴史的な興味をそそるものとして、つぎの一文を脚注としてつけ加えておきたい。以下は、一九三八年に書かれたもので、原著のなかから再録したものである。（『歴史の研究』第四巻四六三頁）

一九一四年から一八年にいたる戦争に勝利をもたらした技術は、戦争技術の最後のものではないはずだということが、またしても、もう確かとなった。もっとも、これ以上戦争にふけっておれば、社会を全面的に破壊するにいたるとおもわれるほど致命的になっているのに、この戦争技術をなお磨きつづけるほど、人類が邪悪であるとすれば、と仮定したうえでの話である。いま一度西洋で戦争が起こるなら、「戦後」〔第一次大戦後〕のイギリス海軍やフランスの半地下式国境要塞は、これらの勝者たちの首にかけられたひきうすの石にほかならぬことがわかるであろう。そして後世は、この戦争をば「戦争を終わらせるための戦争」としてでなくて、傷めつけられた競争国が手おくれにならぬうちに終わらせることのできなかった軍事的競争というものの途上の、一九一四年から一八年にいたる一出来事として、記憶することであろう。つぎの戦争では、二十世紀の西洋科学のありとあらゆる破壊的な装置をほどこした敵の航空機が、フランスの要塞を一気にとびこえて、イギリスの大艦隊を軍港内で撃沈してしまうかもしれない。この「つぎの戦争」が、かりに「大社会」の存在をまつ殺するようなことになれば、この戦争に勝利（そのときになってもまだ「勝利」という概念がなんらかの意義をもっているとすれば）をえるのは、戦後〔第一次大戦〕の特科隊であるとおもわれる。この軍隊の強みは、数ではなくて、規律と訓練にある。この規律と訓練のために、この二十世紀のあばれ者は、新式の兵器をひとりほしいままに使用して、十分な成果を収めるはずである。このように軍事化した操縦者の一団はフリードリヒ大王の親衛隊やセリム一世〔オスマン・トルコ皇帝〕の銃兵と同じような策略や長所を発揮して勝を制するかもしれない。そして、かりに勝利をえるこの武装攻撃者の戦闘団体が、ドイツ国軍であるとすれば、ヨーロッパの軍事史はちょうど一回転してふりだしにもどったことになるわけである。

つかの間の技術を偶像視したために招いた破滅について、われわれは研究してきた。最後に、海戦史上の注目すべき一例をとりあげて、そろそろ終わることにしよう。第一次ポエニ戦争（紀元前二六四—二四一年）の最中に海上に進出したローマ軍は、カルタゴ海軍とたたかわなければならなかった。カルタゴ海軍は、テミストクレス〔第三次ペルシャ戦争のサラミス海戦でペルシヤ艦隊を破ったアテネの軍人〕時代以後の二世紀のあいだに、地中海での海戦の技術につぎつぎとつけ加えられたいっさいの進歩をうけついでいた。それについては、正真正銘の歴史的事実なのか、それとも伝説上の「哲学的真実」なのかはわからないが、つぎのような話が伝わっている。ローマの「新まい水兵たち」は二世紀にわたるカルタゴ海軍の進歩を一撃のもとに帳消しにし、海上の戦闘をば、ふたたび船上における陸兵のたたかいといったあの原始的な型の、そもそものはじまりの海戦にもどすことによって、カルタゴの海戦専門家を当惑させたのである。ローマ人は、陸上ではカルタゴ人を圧倒しているのに、海上ではとうていカルタゴ海軍に太刀打ちできないことを残念におもって反省してみた結果、一種の渡り板を発明した、といわれている。これは、マストからつるすもので、鉄のカギがついている。ローマ人は、この渡り板を使って、文字どおりにカルタゴの軍艦とくみ打ちをしたのである。このひどく素人くさい技術改良によって、かれらは戦術上のイニシャティブをにぎり、ついに敵は、これにおどろきかつ腹をたてるのみで、従来の巧みに前進・後退をくり返して艦首の衝角で敵艦を突くという伝統的な戦法が使えないために、しかたなしに、接舷して敵艦にのりこむという戦法をとった。このことが戦局に決定的な影響をあたえることになった。

かりにこの話になんらかの真理が秘められているとすれば、それは、挫折と偶像崇拝との関係を非常にはっきりしめしているということであろう。この話は、本質的にすぐれた技術が、本質的におとっている技術に打ち負かされたということを物語っているが、その理由は、前者はこれを使うものによって偶像視されているのに反して、後者は従来のものの改良にすぎず、まだ偶像視されるだけの時間が経過していないということにある。偶像視されていないということ、このことこそが、おとっている技術の唯一の利点なのである。この奇妙な物語が、有害なのは偶像視するという行為であって、一つのものに内在するものではないということを、きわめて強く暗示している。

第八章　軍事技術の進歩の代償

記録のしめすところによると、現代にいたるまでの過去四、五千年のあいだに、二十あまりの文明が挫折しているが、そのもっとも共通している原因は軍国主義である。軍国主義は、一つの〔文明〕社会が分化してできた地方的な諸国家を、互いに破壊的な、共倒れに終わるような抗争のなかで衝突させることによって、一つの文明を挫折させてしまう。この自殺的な過程においては、社会の全構造は、モロク神〔いけにえを要求するカナン人の神〕にいけにえをささげる真ちゅう製の祭器のなかでなめつくす炎を燃やすための燃料となる。戦争の技術というたった一つのものが、いっさいの平和的な技術を犠牲にして進歩する。そして、このおそろしい祭儀の信者たちは、この祭儀がかれらをすっかり破壊してしまう以前に、殺人用の武器の使用法に精通するから、たまたまかれらが一瞬その共倒れ的な破滅の祭儀の途中で手を休めて、その武器をほかの社会のものの胸に向けるとすれば、かれらは自分たち自身が破滅するに先だって、ほかの社会のものをもことごとく破滅させることになる。

その一例は、キリスト紀元前四世紀から西暦一世紀にいたる間の、ヘレニズムがインドとブリテンにおこなった後期の膨張にもとめられる。というのは、この膨張がたどった道は、マケドニアとローマの武力が開いたものであって、その武器は、アテネがヘゲモニイをにぎりそこね、ローマが「ノック・アウトの打撃」をあたえることに成功したギリシア〔文明〕世界の強国間の、長期にわたる共倒れ的な戦争によってきたえられ、とうてい抵抗しがたいほど効果的なものとなったからである。このようにして、ギリシア〔文明〕史においては、軍国主義というものが、ギリシア〔文明〕世界の後期の膨張にたいしても、またこの膨張とときを同じうしたギリシア〔文明〕社会の解体にたいしても、すくなくとも部分的な責任をもっているわけである。

一つの文明が没落しているのに、技術が改良されているという一例は、ヨーロッパにおける後期旧石器時代と、技術的にはそのすぐつぎの時代である前期新石器時代とを、比較することによってえられる。後期旧石器時代の社会は、粗末な加工でできた道具に満足していたが、繊細な審美的感覚を発達させたし、また、その感覚に絵画的な表現をあたえるある種の簡単な手段を発見することを忘れていなかった。近代の考古学者は、旧石器時代の穴居人の洞くつ壁にのこっている動物の絵を発見したが、その巧みな生々とした木炭のスケッチは、われわれを驚かせ、舌をまかせる。前期新石器時代の社会は、みごとな磨製の道具をつくりだすためにひじょうな労力をついやした。この道具は、旧石器時代人との生存競争の武器に用いられたとおもわれる。そして、この生存競争において、描く人《ホモ・ピクトル》〔旧石器人〕が滅び、つくる人《ホモ・ファーベル》〔新石器人〕が勝者として生きのこることとなった。とにかく、旧石器社会は消滅し、新石器社会がそのかわりに君臨することになったわけである。だが、この変化は、技術的な点ではすばらしい改良の発端となりはしたが、文明の点からはあきらかに後退である。なぜなら、後期旧石器時代の人間の技術は、旧石器人とともに滅びたからである。前期新石器時代の人間は、たとえ審美的感覚らしきものを多少もちあわせていたとしても、とにかくそれを物的に表現しようとはしなかった。

技術の改良が文明の後退と一致するいま一つの例は、ミノア文明〔クレタ文明〕が分解〔死滅〕していた空位期にもとめることができる。ミノア社会は、その歴史の最初から最後まで、青銅器時代の域をでなかった。ヨーロッパ大陸の蛮族は、ミノア文明以後の民族移動において、ミノア社会の棄てられた領土におそいかかったが、このうちのもっともおそくやってきた、もっとも野蛮な一団〔ドーリア人〕は、青銅製の武器のかわりに鉄製の武器で武装していた。かれらがミノア文明の子孫にたいする攻撃で勝利をえたのは、このより強力な金属を知っていたことに負うところが大である。しかしながら、青銅の剣をもったミノア人にたいして、鉄の剣をもった「ドーリア人」が勝ったということは、文明にたいする野蛮の勝利にほかならない。なぜなら、鉄の剣（われわれ西洋後期の機械時代にできた鋼鉄製の戦車でも、潜水艦でも、爆撃機でも、そのほかどんな殺人機械でも、この点では同じである）は、勝利のお守り札ではあっても、文化のお守り札ではない。「ドーリア人」が青銅の剣のかわりに鉄の剣を採用したということは、かれらが野蛮の域を脱したということを意味しない。また、冶金術のためにあたらしいより良い材料を発見するという技術的な成果をあげた恩人は、これらの野蛮人であると断定すべき根拠もない。

「ドーリア人」の鉄は、もともと「ドーリア人」自身が発見したものではなくて、「ドーリア人」が他から借用したにすぎないように思われる。すなわち、これらの蛮族は、地理的な偶然性のおかげで、隣接する地域の熟練した技術を模倣するにいたったのであろう。この「ドーリア人」とミノア人の出会いをみてみると、文明の進歩を技術面から判断する方法は、帰謬法によって論破されることがわかる。なぜなら、この方法にたいしては、つぎのことを断言せざるをえないからである。つまり、ミノア文明以後の空位期の最低期に、エーゲ海地帯の文化の進歩がみられたということ、この進歩は、ミノア文明の全歴史において達成されたいかなる進歩よりも重要なものだということ、しかも、この進歩は、銅剣をもったミノア文化に致命的な打撃をあたえるために鉄製の剣を用いた「ドーリア人」の侵入によってもたらされたものである、ということである。

旧世界の歴史からとったこの種の例に類するものは、新世界の歴史のなかにもあり、しかもこの両者は、並行した現象である。

マヤとトルテクの年代をはっきり定めると、中央アメリカとメキシコの金属器時代の開始時期が、ほぼ定まってくる。第一帝国時代のマヤの都市であるコパン、クゥイリグアその他を発掘したときには、金属製品の標本は、銅の遺片すらも、みつからなかった。グァテマラのラス・クェブラダスは、実は沖積鉱床の上に建設された都市であるが、その遺跡をほとんど台なしにしてしまうほどに洗鉱調査をしてみても、金属製品の標本はみつからなかった。また、初期の遺跡の絵には、首輪とか鐶のような金属製の装飾品が全然えがかれていない。だから、金属器時代がはじまったのは、西暦六〇〇年以後のことであると、われわれは断定する。しかしながら、西暦一二〇〇年までには、金・銀・銅および他のいろいろな合金を用いた金属加工が、高度に発達していた。北ユカタンのチチェン・イッツアで発見された多くの標本はコスタ・リカやコロンビア起源のものであって、金属加工の技術は、南コロンビアから中部メキシコにいたるまで、同一である。その技術は、西暦一〇〇〇年ごろに南アメリカからもたらされたものらしく、スペイン人に征服されるまでの五百年間に急速の進歩をとげた。[1]

(1)『エンサイクロペディア・ブリタニカ』第一三版——第一巻一九五頁

われわれの命題を例証するために中央アメリカからとったこの例とエーゲ海からとったさきの例とは、互いに解明しあうことがわかるであろう。旧世界においては、ミノア社会が、数々の業績をあげながら、最後まで青銅器時代の域にとどまったのと同様に、新世界においては、マヤ社会が、石器時代から金属器時代に移ることなしに、興り、そして亡んでいる。中央アメリカにおいては、マヤ以後の二つの文明が、冶金術を導入した。だが、この二つの文明は、マヤ文明とは親子関係があったが、それらの文化業績の一般的な水準は、マヤ文明のそれとは比較にならぬほど低かった。またしてもここで、技術の進歩が文明の空位期とときを同じうしているわけである。

文明を技術の面から判断するならば、マヤ文明と親子関係のあったこれらの二流の文明や、ミノア文明以後とギリシア文明以前の空位期にエーゲ世界へ侵入した蛮族は、その技術面の腕前という点で、文明の使徒と呼ぶにふさわしい存在であったという謬論をとなえることになるが、ギリシア文明の大歴史家の最後のものが、ギリシア文明以後の空位期のために、これと同じように技術面の理由から、同じようにとてつもない主張をなしていることは、興味ぶかい。

カエサレアのプロコピウス〔ビザンティンの歴史家〕は、ローマ皇帝ユスティニアヌス（在位西暦五二七—五六五年）の戦役史を著わした。実は、これらの戦争は古代ギリシア〔文明〕世界の死であった。帝国の領土をもとのように統合しようという誤った野心を実現しようと頑固に努力したユスティニアヌスは、東方の諸州には財政的な破滅を、バルカン諸州には人口の減少を、イタリアには荒廃をもたらした。しかも、このような代価を払ってもなお、かれは、自分の「一途の」目的を達成することができなかった。なぜなら、アフリカのヴァンダル人を絶滅したことは、そのあとにムーア人が入りこむ道をあけてやったことになったし、イタリアの東ゴート人を絶滅したことは、真空状態をつくりだし、かれの死後三年とたたぬうちにいっそう野蛮なロンバルディア人が入りこむ余地をあたえてやったことになるからである。ユスティニアヌスの戦争につづくつぎの百年間は、実はギリシア文明以後の空位期の最低期であった。これは、後世の人びとがふり返ってみてわかるように、プロコピウスの時代の悲劇であった。そして、（ヘレニズムの最後がどれほど先のことであろうと、あるいはさし迫っていようと）、ギリシア文明史がその極盛期をすぎてすでに久しいということは、その当時においても痛々しいまでにはっきりしていた。このことは、プロコピウスと同時代の人びとがひろくみとめるところである。プロコピウスが著書を執筆する直前に起った宿命的な事件の数々はヘレニズムに致命傷をあたえた事件であった。このすぐれた歴史家は、これらの諸事件にかんする著書の序文のなかで、本題から離れて、「近代人と古代人との〔十七世紀末のフォントネルらとペローらとの論争〕優劣論争」をみずからとりあげ、誤った結論をだしている。すなわち、近代人の方が、戦争技術ですぐれているから、近代人の勝ちだ、というのである。

虚心に回顧する人びとにとっては、これらの戦争という事件が、すくなくとも歴史上のどんな事件にもおとらず、おどろくべき、印象ふかいものであったことはあきらかであろう。これらの事件がたまたま異様な事件をひき起こすことになったが、それは、現在記録にのこっているどんな事件よりも異様な性格のものなのである。ただし、（おそらくは）古代の方がまさっていると主張し、現代世界のなにごとにも感心すまいとする読者がみれば、話は別である。まず、わたしの頭に浮かぶ例は、現代の軍隊を「弓兵」と呼び「白兵戦の闘士」とか「武装兵」とかいう呼び名は、古代の戦士のためにだけあるというふうにおもいこみ、そのようなものは現代ではもうなくなってしまっているというふうに自信たっぷりにきめてかかる態度である。そういった想定は、浅はかだというほかはなく、そのような想定をする人びとに経験がまったく欠けていることをしめしているにすぎない。これらの人びとは、ホメロスにでてくる弓兵が、品の悪い通り名で呼ばれる武器をもつだけで、馬にまたがらず、手には槍をもたず、身をおおう楯もよろいもつけていなかったということを全然度外視している。これらの弓兵たちは徒歩で戦闘に参加し、味方の楯のうしろに位置するか、あるいは「墓石によりかかること」によって、身を遮蔽せざるをえなかった。そして、こういった姿勢のために、かれらは敗北にあたっては逃げることができず、といって逆に逃げる敵を追うこともできず、とりわけ平地でたたかうことは不可能であった。そのために、かれらは、戦争の勝負で卑劣な振舞いをなすという悪評をもらっている。他方、それとは別に、かれらは、技術などにはあまり頭を使わず、矢を射るにあたっては弓の弦を胸のところまでひくだけであった。その結果、必然的に、矢はまとに達するまえに力をうしなって、効力を発揮しなかった。これが古代の弓術の水準であったことは否定できない。これに反して、近代の弓兵は胴よろいをつけ、ひざまでながぐつをはき、右側には矢筒を、その反対側には剣をさげてたたかいにのぞみ、また、騎兵のある者は肩に槍をつるし、顔とくびを丁度おおうに足るくらいの小さな柄のない楯をもっている。かれらは、驚嘆すべき騎手であって、全速力で馬を走らせながら左右いずれの側にもらくらくと弓をひき、前面を敗走する敵はもちろんのこと、背後から追いかけてくる敵をも射ることができるように訓練されている。かれらは、弓の弦を（おおよそ）右の耳の高さで顔のところまでひく。そのために、矢はひじょうな力をあたえられ、これがあたるとかならず命をうばい、楯も胴よろいもそのいきおいにさからうことができない。しかしながら、これらの騎兵の存在を無視しようとするある人びとは、まるでばかのように古代を過賞し、近代のさまざまの発明がすぐれていることを否認しようとする。だが、いかにこのようなおもい誤りをしようとも、近代の戦争がきわめて興味ぶかく、また重要であるということは、否定できないはずである。

このプロコピウスの論議は、自家どう着の暴論である。これにたいして必要とおもわれる唯一の論評は、つぎのとおりである。すなわち、プロコピウスがギリシアとローマの軍事技術の傑作として読者にしめしている甲冑騎兵、つまりホメロスの時代からプロコピウスの時代にいたる長い期間のあいだにギリシア〔文明〕世界に生まれでたもっとも能率的なタイプの兵士は鉄が「ドーリア人」の発見したものでなかったと同様に、事実、ギリシアやローマの軍事的才能の独創にかかるものではなかったということである。頭の先から足のつめの先まで武装し、騎馬と射撃に長じているためにおそれられたこの騎馬弓兵は、真正のギリシアならびにローマの軍事的伝統とはまったく縁もゆかりもないものであった。ギリシア・ローマの伝統は、騎兵を従属的な役割にさげ、歩兵に信をおいていたのであって、この歩兵の強みは、個々の兵士の装備とか技倆よりも隊の団体としての団結力と訓練にあった。ローマ軍の甲冑騎兵は、つくりだされてからまだあまり年月がたっていなかった。それが採用されてからプロコピウスの時代までには、まだ二百年たらずの年月しかたっていない。しかも、この武器が、そのような比較的短期間のうちにローマの軍事力の主柱となったとすれば、この軍事技術上の革命は、歴史的なローマ歩兵部隊が急速にあわれむべき衰微の道をたどったことを証明していることになる。事実、プロコピウスの時代のローマ軍では、甲冑騎兵は、それ自体がつくりだした真空状態をうめていた。なぜなら、かつては無敵であったローマの歩兵部隊が、メソポタミアの平原でアルサケス朝〔パルティア〕やササン朝〔ペルシア〕の軍隊と会戦したり、ドナウ川沿岸の平原でサルマティア人〔スキタイ系の遊牧民族〕やゴート人の軍隊と出会った際に、甲冑騎兵が自分たちの好敵手であることを知るとともに、自分たちよりもすぐれていることを知ったからである。ローマ軍当局は、紀元前五三年のカラエにおけるクラッススの敗北から西暦三七八年のアドリアノープルにおけるヴァレンスの敗北にいたるながい期間にわたっての軍団兵と甲冑騎兵との力だめしから、軍事的な教訓をえて、ついに、歴史的なローマ軍歩兵（その剣と耕作具で女神ローマが帝国をはじめてえたとされていた）を廃止し、軍団のかわりに、外来のものではあるが、意気揚々とした東洋の甲冑騎兵を採用することにふみ切ったのである。

プロコピウスが、あれほど甲冑騎兵を称賛したということは、実際には、かれがおもい、意図したところとは丁度反対のことをしたということになる。すなわち、かれは、ギリシア人やローマ人の軍事技術の改良をほめたたえたのではなくて、その追とう演説をのべたわけである。しかしながら、プロコピウスは、自分の論点を証明するのに、運わるくも、まちがった例を選びはしたが、自分の論議を軍事技術という分野だけに限定しており、この分野にかんするかぎりは、ギリシア文明の技術が向上の一途をたどってきたとするかれの一般論は、大体において正しいといえる。だから、ここでギリシアならびにローマの社会史のこの分野を研究するに際しては、甲冑騎兵によってしめされているいつわりの結末などは、考慮に入れないで、紀元前七世紀の後半以後の一千年間をみてみることにしよう。この時期のはじまりは、第二次メッセニア・スパルタ戦争中にスパルタの方陣が発明されたときであり、その終りは、西暦三七八年のアドリアノープルの戦闘でローマ軍団が決定的な敗北と不面目を味わったときである。本物のギリシア文明の軍事技術の発達は、この一千年のあいだすこしも中断することなく跡づけることができる。そして、これを跡づけてみるとわかることは、ギリシア文明の戦争技術の改良には、かならずギリシア文明の停頓ないしは後退がともなった、ということである。

まずスパルタの方陣の発明をとりあげてみよう。これは、すでにみてきたように、記録にのこっている最初の目ざましい改良で、やはり、ギリシア文明のスパルタ版が、その成長をときならずして停止させられた諸事件の一つの産物である。

つぎの目ざましい改良は、ギリシア歩兵を、マケドニアの密集兵とアテネの軽装兵という、二つの極端なタイプに分化させたことであった。マケドニア型の密集兵の兵士は、一本の穂先の突くだけの短槍ではなしに、二またのながい矛《ほこ》で武装していたので、その突撃力の点ではその先駆者スパルタ型の密集隊形を上回った。しかし、その機動性は、スパルタ型のそれよりもおとっていたので、隊形が乱されたりすれば、敵にほんろうされることが多かった。だから、両翼を軽装兵でまもらないことには、安心してたたかうことができなかった。この軽装兵は、隊列のなかからひき抜かれて、散兵としてたたかうように訓練されたあたらしいタイプの軽歩兵であった。マケドニア型の密集兵とアテネ型の軽装兵を併用すると、スパルタ型の旧式の未分化のままの密集兵よりもはるかに強力な歩兵部隊ができあがったわけである。ところでギリシア文明の軍事技術のこの第二の改良は、ギリシア文明世界において一世紀にわたってたたかわれた共倒れ的な戦争の産物である。この一世紀とは、紀元前四三一年のアテネ・ペロポネソス戦争の勃発から、三三八年のカエロネアのたたかいにおけるマケドニアの勝利までのことで、ギリシア文明はこの間に挫折し、解体していった。

ギリシア文明の軍事技術における第三の目ざましい改良は、ローマ人によってなされた。かれらは、軍団の戦術と装備の点で、軽装兵と密集兵の両方の利点を結合するとともに、その欠点をなくすることに成功した。軍団兵は、二本の投げ槍と一本の突く剣で武装し軍団は二波に分かれて間隔をおいて戦場にのぞみ、第三波(旧式の密集隊形型の武装と隊形をとっている)を予備軍にのこしておいた。ギリシア文明の軍事技術におけるこの第三の改良は、ギリシア文明世界内部の第三回目の戦争の産物であった。この戦争は、紀元前二一八年の対ハンニバル戦争の勃発とともにはじまり、一六八年の第三次ローマ・マケドニア戦争の終結をもって終わっており、この間にローマ軍は、当時ギリシア文明世界の他のすべての強国に「ノックアウトの打撃」を与えた。

第四の、そして最後の改良は、軍団の完成ということであった。これは、マリウスが着手し、カエサルが完成したもので、一世紀にわたるローマの革命と内乱の産物である。ローマ軍団がもっとも強かったのは、紀元前四八年に、パルサルスでカエサル〔シーザー〕の統率のもとにたたかったときであるようにおもわれる。これは、紀元前五三年に、カラエでクラッススの統率のもとに、パルティアの甲冑騎兵とたたかって、この敵を軍団兵の好敵手であると知ってから、五年後のことである。このようにしてギリシア・ローマの軍事技術は、カエサルとクラッススの時代にその頂点に達したが、やがてその時期をすぎる。そして、そのころに、ギリシア文明は、その没落と滅亡の一歩手前の段階にさしかかっている。なぜなら、紀元前一三二年に、ティベリウス・グラックスが護民官の職につくとともにはじまったローマの革命と内乱の世紀は、ギリシア文明世界の「混乱時代」が最高頂に達した時代であったからである。カエサルの使命は、世界国家をつくることによって、その「混乱時代」を終わらせることにあった。この世界国家は、やがてアクティウムのたたかいののちに、ついに、アウグストゥスによって確立されるにいたる。

われわれは、ギリシア文明の軍事技術がつぎつぎに改良されてゆくこの歴史のなかに、軍事技術の改良にともなうものは、文明の成長ではなくて、その阻止・挫折・解体である、という一つのあきらかな事例をみた。さらに、バビロニア史やシナ史〔周から漢までの古代中国〕のなかにも、これと同じ現象にかんする有力な証拠のあることがみとめられる。アッシリアの狂気じみた軍国主義のためにバビロニア社会が支離滅裂になったバビロニアの「混乱時代」においても、また秦の軍事力がシナ世界の他の相対立する諸国に「ノック・アウトの打撃」をあたえつつあったシナの「混乱時代」においても、目ざましい軍事技術の改良がなしとげられた。たとえば、バビロニア、シナのどちらでも、戦車をひく動物に軍馬を使うというような旧式な使い方は放棄され、騎兵が馬にのるというもっと効果的な軍馬の使用法が採用された。以上の観察からすれば、軍事技術の改良がおこなわれるということは、かならずとはいえないが、普通一般には、文明の没落の一兆候である、と推断してよいようである。

一九一四年から一八年にかけての大戦〔第一次世界大戦〕を経験した世代に属するイギリス人は、この関連で、かれを驚かした、痛ましいほどの象徴的な一事件がその当時起こったことをおもい起こすであろう。洪水で大河の水が堰（せき）を切って流れだし、つぎつぎと畑を呑みこんで村を一つまた一つと押し流してしまう、そういった具合に、大戦が次第にはげしくなって、交戦国民の生活をますます大きく要求するようになったころ、イギリスでは、ざんごう戦の集中的研究のために急設された陸軍省の一局が使うために、ホワイトホール〔ロンドンの官庁街〕の教育省の建物が徴発されたことがあった。この追いだされた教育省は、ヴィクトリア・アンド・アルバート博物館に逃げこんで、なにか消えうせた過去の珍奇な遺物ででもあるかのようにその存在を黙認されて、生きながらえていた。こうして、一九一八年一一月一一日の休戦の日までの数ヵ年間、わが西洋世界の心臓部においては、生きるための教育を促進する助けとなるように建てられた公共の建物のなかで、殺りくのための教育が促進されていた。本書の筆者〔トインビー〕は、一九一八年の春のある日、ホワイトホールを歩きながら、「マタイによる福音書」の一章を口ずさんだことをおぼえている。

予言者ダニエルによって言われた荒らす憎むべき者が、聖なる場所に立つのを見たならば（読者よ、悟れ）………その時には、世の初めから現在に至るまで、かつてなく今後もないような大きな患難が起こる……もしその期間が縮められないなら、救われる者はひとりもないであろう。………

〔マタイによる福音書第二四章第一五―二二節〕

読者の方がたは、西洋の一大国の教育省が、戦争技術の研究のために見すてられたのなら、こんな代価を払ってあがなわれる西洋の軍事技術の改良が、西洋文明の破滅にひとしいということを、かならずや理解されるであろう。

第九章　剣をもつ救世主の失敗

解体する社会の自称救世主は、かならず剣をもった救世主である。しかし、その剣は、さやを払われていることもあり、そうでないこともある。つまりこの種の救世主は、そのいずれかの姿勢をとっているわけである。デルフォイの神殿〔ギリシアのパルナッソス山のふもとにあるアポロン神の神殿〕やペルガモン〔小アジアの都市〕の帯状の装飾壁にえがかれている巨人族とたたかう神々のように、抜身の剣をふりあげている場合もあれば、「もろもろの敵をその足下にふみつけた」勝利者として、剣をさやのなかに納めて威風堂々としている場合もある。このあとの方の姿勢が、最初のものの目ざす目的である。すなわち、くびきをかけられたまま死ぬまで仕事をやめないダヴィデやヘラクレス〔冒険と偉業の中心人物とされているギリシア神話の神〕の方が、栄華をきわめたソロモン〔ダヴィデの子で、イスラエルの名君〕や威厳にみちみちたゼウス〔ギリシア神話の主神〕よりもはるかにロマンチックであるかもしれないが、ゼウスの平静さやソロモンの繁栄をうることを目的とせぬことには、ヘラクレスの仕事やダヴィデのたたかいはまったく無意味な努力にすぎないことになるわけである。剣をふるうのは、それを有効に使って、最後には剣の仕事をなくすることができるというふうに希望しているからにほかならない。だが、この希望は幻想である。なぜなら、指で解くことのできないゴルディオンの結び目〔フリュギア王ゴルディオスがつくった綱の結び目で、これを解くものは全アジアの支配者になるとの神話があり、アレクサンドロスがそれを剣でたち切ってその予言を実現したといわれている〕を剣でたち切るなどというのは、現実の世界ではありえないことであるからだ。「剣をとる者はみな、剣で滅びる」〔マタイによる福音書第二六章第五二節〕ということは、現実の生活の仮借のないおきてである。剣をふるう者が最終的な勝利をえられると信ずるのは、たんなる幻想にすぎない。ダヴィデは、ついに神殿を建てることができなかったとしても、その反面、ソロモンの建てた建物は、ネブカドネザル〔新バビロニア王〕によって焼き払われてしまっている。また、ヘラクレスは、この世ではけっしてオリンポスの高みにまで到達することができない反面、ゼウスもそのおそろしい山の頂上に王座を定めはするものの、結局はティタン族〔ギリシア神話の自然力または抽象性を代表する十二神〕を自分の手で投げこんだ底しれぬふかい穴のなかに、自分もまた投げこまれるような運命を招くことになる。

剣をもつ者ができるだけすみやかに剣をさやにおさめ、これを使わないで人目につかぬように、できるだけながくさやのなかに入れておくことを心から熱望しているときでさえも、解体する社会は、結局は剣では救えない。これは、一体なぜであろうか。抜刀し、そしてさやにおさめるというこの二つの行為は、当然にほうびをあたえられてしかるべきではないのか。たったいま、あれほどみごとに使ったのだから、いまできることといっては、その武器をおさめることよりほかになく、できるだけはやい機会にこの武器を使うことをやめようとする。こういった戦士は、勝利者であるのみならず、政治家でもあり、そしてまたたんなる政治家ではなくて、多少とも賢者の風格をもった政治家であるにちがいない。かれは、有用な常識をふんだんにもちあわせ、そして自制心という精神的な徳をすくなくともすこしばかりはもっているにちがいない。政治の道具としての戦争を放棄することは、高尚かつ賢明であるとともに、みのりの多い決心である。誠実にこれをおこなうときには、つねに大いなる希望をよび起こすものである。

こういった一見妥当とみえる期待が裏切られる（たとえば、永久につづくはずの「アウグストゥスの平和」は、大失敗に終わった）のは、一体なぜであろうか。「回復の機会」というものはないのであろうか。一たん競争者を放逐するという行為を犯し、これによって利をえた「執政官」というものは、絶対に「国父」になることはありえないのであろうか。こういう痛ましい問いにたいする答えは、あるイギリスの詩人によってあたえられている。この詩人は、西洋のカエサルともいうべき将軍〔クロムウェル〕が、その軍事行動を勝利のうちに終えたとおもわれる戦争から帰還した際に、ホラティウス〔ローマの詩人〕ふうの頌詩をつくっているが、この詩は、ある特定の勝利のための賛歌であるはずなのに、その最後の二節は、あらゆる軍国主義にたいするとむらいの鐘の音のような印象をあたえる。

だが、軍神と運命の子よ、
根気よくすすめ。
最後の努力をするために、

もう一度剣を抜け。

くらやみの夜の悪霊を
おどろかせる力のみか、
その力を生みだした
わざをも保て。[1]

(1) アンドリュー・マーヴェル『クロムウェルのアイルランドよりの帰還をうたったホラティウス風の頌詩』

この古典的なことばをつらねた裁決は、西洋文明の近代史上のもっとも古い剣をもった一自称救世主の生涯にたいしてくだされたものであるが、これには、針がかくされている。この針は、「ただ一つ銃剣でできないことがある。それは、銃剣のうえに腰をおろすことだ」〔フランスの政治家タレラン・ペリゴールのことば〕という十九世紀のことばになると、もっとするどくなる。一たん生命をうばうために使われた道具は、使用者の都合次第で生命を維持するために使う、というわけにはいかない。武器の役目は人を殺すことである。そして「殺りくによって王位にたどりつく」ことをちゅうちょしなかった支配者は、権力をえてからのちに、権力をえる原動力となった残虐な手段をこれ以上使わないで自分の権力を維持しようとするなら、早かれおそかれ権力を指のあいだからのがしてしまうか、それとも、もう一度血を流すことによって権力の借用期限を更新するか、そのいずれかを選択しなければならない破目に陥る。暴力をふるう人間は、心からその暴力を悔いながらも、暴力によってえた利を永久にむさぼる、というようなことはできない。因果の法則は、それほど簡単に避けることはできない。剣をもつ救世主は、砂上に楼閣をきずくことはありえても、磐石のうえに楼閣をきずくことは絶対にない。また、流血の罪を犯したダヴィデと無罪のソロモンという二種の役柄に仕事を分かつという便法によって永久の楼閣をきずこうとすることも不可能である。なぜなら、ソロモンがそのために使う石は、ダヴィデが切り出した石にほかならないからである。父〔ダヴィデ〕にたいしてくだされた〔神の〕拒否（「おまえはわが名のために家を建ててはならない。おまえは軍人であって、多くの血を流したからである」〔歴代志上第二八章第三節〕）は、父のためにその子〔ソロモン〕が建てた家もいずれは滅びるということを暗示しているわけである。

剣によって救いをえようとするいっさいのくわだてが、このように結局は失敗するということは、詩や神話や伝説にのべられているばかりでなくて、歴史上でも例証されている。武力に訴えた「父の罪」は、「子に報いて三四代に及ぼす」〔出エジプト記第二〇章第五節〕というわけである。クロムウェルは、征服したカトリック教国を抑圧するために、アイルランドにプロテスタント系のイギリスの軍事的植民地をもうけたが、現代になってその子孫たちは、祖先が不正に手に入れた土地から追い払われてしまった。これは、かれらが祖先から呪わしくもうけついだ暴力と不義という武器によって追い払われたのである。また、一八四〇年から四二年にかけての「アヘン戦争」という罪を犯して手に入れた開港場である、上海の租界にあったイギリス商人社会の財産は、一九三七年に、日本と中国の手によって破壊されていた。かれらは、かつてイギリスが、軍事力を一時的に商業的な利益に転ずることに成功した例から、軍国主義を学んだのであった。歴史のこの二つの判決は、例外的なものではない。解体する文明が、「混乱時代」を経過してより苦しい終りへすすんでいくときには、それは、世界国家となるのであるが、古来剣をもつ救世主は、そういった世界国家を創設しようと努力したり、創設することに成功したり、維持しようと努力したり、維持することに成功したりした武将や王侯たちであった。そして、「混乱時代」から世界国家への移行は、解体する社会に住む痛めつけられた人びとには、ひじょうに大きな直接的な救いをもたらしがちなので、これらの人びとは、統一国家を創始することに成功した人物を神として崇拝することによって、感謝の念をしめすことがある。しかし、こういう世界国家をもっとよく研究してみると、そういった国家はせいぜいはかないものであって、たとえ「離れわざ」によって強情に寿命よりもながく生きのびたとしても、この不自然な長寿の代償として、社会的大悪に陥る。この大悪は、世界国家樹立以前の「混乱の時代」や、世界国家の定命がつきたときにはじまる空位期間と同じほど有害である。

世界国家の歴史と剣をもつ自称救世主の生涯との結びつきは、一般に、武力が救いの道具としては無力であることを証明しているが、それだけではない。この結びつきは、われわれに、この種の自称救世主をよりだして調べてみることができるような順序に、かれらを並べるための便利な手がかりをあたえてくれ、証拠を経験的に観察することを可能ならしめてもいるわけである。

まず最初にわれわれのまえをとおりすぎる悲劇的な一群は、あたかもダイナード〔ギリシア神話の五十人姉妹で、父ダナオスの命で各自の夫を殺したので、その罰に地獄で底に穴のある桶に水をみたす仕事をさせられた〕の底に穴のある桶で水を汲むように、無益な刃物で「混乱時代」のつぎからつぎに起こる戦争をたたかった剣をもつ自称救世主たちである。

ギリシアの「混乱時代」（紀元前四三一年ごろ—三一年）の最初にわれわれの目にうつるのは、ラケダイモン〔スパルタ〕のブラシダス〔ペロポネソス戦争前半で活躍した将軍〕の勇姿である。かれは、カルキディケ地方のギリシア都市国家をアテネの抑圧下から解放するために生命を投げだしたが、半世紀とたたぬうちにその事業は、別のラケダイモン人たちの手によって無に帰してしまった。かれらは、マケドニアのフィリッポスがスパルタ自身をのぞくギリシアのすべての国家のくびにもっと重いくびきをつけるための道をひらいたのであった。ブラシダスのすぐあとには、かれと国と時代を同じうする邪悪な人物リュサンドロスがつづく。この人物は、エーゲ海に面した小アジアにあるギリシア人都市国家を解放することに成功し、アテネの「海洋主義」にとどめの一撃を加えたが、結局はただアテネの属国に、アテネの「むち」のかわりにラケダイモンの「さそり」というこらしめを加えることになり〔列王紀上第一二章第一一節のことばの転用〕、自分自身の国をも、三十三年後には、アイゴスポタモイからレウクトラにいたる道にふみださせることになった。その後、われわれのながめる行進には、時代ごとにあたらしい人物がつぎつぎと加わってゆく。テバイ〔テーベ〕のエパミノンダスはアルカディア人とメッセニア人を解放して、リュサンドロスがアテネを罰したようにスパルタを罰する。だが、その結果は、フォキスに、同じ罰をテバイ自身に加えさせることになったにすぎない。マケドニアのフィリッポスは、ギリシアからフォキスのむちをとりのぞき、このためにそれまでもっと苦しんできたテバイ人とテッサリア人によって、「友・恩人・救世主」として歓呼される。だが、結局のところ、フィリッポスは、かれをこのうえなく尊崇するほどナイーヴであったこの二種のギリシア人の自由をまっ殺してしまう。アレクサンドロスは、ギリシア人に、全アケメネス帝国というギリシアにもマケドニアにも共通した獲物をもとめさせることによって、マケドニアのヘゲモニイをうけ入れさせようとした。しかし、最後には、父がマケドニアのためにえたヘゲモニイをうしない、互いに相争う後継者どものふところに、アケメネス朝が二世紀にわたって蓄積してきた財宝をあたえて、ギリシア〔文明〕世界の内乱の焰をあおりたてる結果になった。

以上の人物とならんで同じ時代に、武力による救世を目ざして成功しなかった一群の人物が、アドリア海の西方のギリシア〔文明〕世界の西半分の地〔シチリア〕にもみとめられる。これらの独裁者がつぎつぎと一人のこらず失敗していったことは、その後継者がもう一度同じ事業ととり組まなければならなかったという事実をみるだけであきらかである。このことを理解するには、その名を列挙すればよいであろう。ディオニュシオス一世、ディオニュシオス二世、アガトクレス、ヒエロ、ヒエロニムス〔いずれも紀元前四、三世紀ごろのシラクサの僭主〕などがそれである。アフリカからの敵シリア人と、イタリアから割りこんでくる蛮族という、二つの圧力に抵抗できるほど強力な「神聖同盟」を樹立することによって西部のヘレニズムを救おうとする問題は、未解決のままのこされ、最後には、このシチリアにおけるギリシア文化の肥沃な苗床は、この地域全体の支配をめぐってのカルタゴとローマとの争いの場となって、荒廃してしまう。

ギリシア正教世界においては、自称救世主の同じような一群は、以上のものよりは同情的であったが、無力な人物であったことにはかわりがない。ギリシア正教世界の本土では、アレクシオス・コムネヌス（在位西暦一〇八一—一一一八年）がいる。かれは、獅子と熊から小羊を救うダヴィデにも似た大胆さでもって、敗北した東ローマ帝国を、ノルマンとセルジュク・トルコの牙から救いだしたのであった。そして、その一世紀後には、テオドルス・ラスカリスが、一二〇四年の未曽有の大災厄〔第四次十字軍の進入〕にもかかわらず、祖国を見捨てようとはせず、聖都コンスタンチノープルを征服したフランク人にたいして、ニカイアの城壁のなかで最後の抵抗をこころみる。しかし東ローマ帝国のこのような勇敢な行為も、すべて無益であった。東ローマ帝国の悲劇的な歴史において、第四次十字軍にしたがってひそやかにやってきたフランスのゴリアテは、結局のところ、ノルマンの熊やセルジュク・トルコの獅子があったような運命を味わいはしなかったわけである。もちろん、ほどなくして、ミカエル・パラエオログスがコンスタンティノープルをうばい返したことは、当時においては、テオドルス・ラスカリスの事業をかれの死後に成功させたようにもおもえたが、のちになってみると、結局は、トルコ人に黒海海峡のアジア側からヨーロッパ側へつうじる道を教え、そのために東ローマ帝国自体の破滅を確定的にしただけである。ギリシア正教社会のロシアにおける歴史では、アレクシウス・コムネヌスとテオドルス・ラスカリスに匹敵する者としては、アレクサンドル・ネフスキー〔ウラディーミル公〕（在位一二五二―一二六三年）とジミートリー・ドンスコイ〔モスクワ大公〕をあげることができる。かれらは、西北ではリトワニアの異教徒とチュートン人の十字軍、そして東南では蒙古の遊牧民から、ときを同じうして攻撃を受けるというロシアの「混乱時代」（一〇七八年ごろ―一四七八年）に際して、ロシア世界を救わんがために剣をふるったのであった。ギリシア正教世界におけるこれらのロシアの英雄は、その時代においてはかつてのギリシアの英雄よりもめぐまれていた。なぜなら、そのような優勢な敵にたいして、かれらがこうも勇敢にまもった砦は、つぎの段階で外来の敵の手に落ちるというようなことはなかったからである。しかし、「混乱時代」を終わらせるという本来の仕事にかんしては、アレクサンドルもジミートリーも、アレクシウスやテオドルスと同じように失敗している。

たまたま「混乱時代」にめぐりあわしたこれらの剣をもつ救世主は、ゼウス的な面影のないヘラクレスといった特徴をもっている。しかし、以上の人物のすぐあとにつづく一団は、ヘラクレスとゼウスとの中間の型の人物からなっている。かれらは、ヘラクレスの仕事をおこなうことをまぬかれているのでもなければ、その仕事にたいして地位をえるという希望をいだくことなしに仕事をおこなうという運命にあるというわけでもない。こういったゼウス的ヘラクレス、あるいはヘラクレス的ゼウスは、世界国家の建設に成功した人びとの先駆者であった。かれらは、ヨシュアにたいするモーゼ、現世のメシア（救主）にたいするエリヤ、あるいはキリストにたいするバプテスマのヨハネの役割を演ずるものである（ただし、これは、かりにこの現世的な社会の自称救世主を、それとはまったく別世界の王国の先駆者と比較することができるとすればである）。これらの先駆者のなかには、ヨルダン川をわたらないで、「約束の地」〔カナン〕をピスガの山頂から望見するだけで、死んだ者もいる〔たとえば、モーゼ、申命記第三四章参照〕。また一方、ヨルダン川をなんとかしてわたり、向う岸にかれらの王国の旗をつかの間でもたてることに成功した者もいる。しかし、成功をあたえることをしぶる「運命」の手からむりやりに成功をもぎとろうとする大胆不敵な人びとは、その無鉄砲さの報いとして、懲罰をうける。運命をみとめ、これにしたがう同僚は、この懲罰をまぬかれるのである。かれらがはやまって樹立した世界国家は、トランプの家のように、つくるがはやいか、たちまちにしてくずれてしまう。このような安ぶしんをもっぱらにする大工の仕事は、完成するはずがなく、一つのしくじりとして史上にのこるわけである。一方、その後継者は、倒れた建物をボール紙のかわりに花崗岩で再建することによって災厄のつぐないをし、その仕事の堅実さは、先人のしくじりと比較されることによって、ひときわ目だつわけである。

荒野で死んだモーゼに類する人物は、ギリシア〔文明〕世界の歴史においては、マリウスである。かれは、つぎの世代に一独裁者〔カエサル〕が出現する道をひらいた。しかし、平民派的独裁制を樹立するためにマリウスがとった優柔不断なぎこちない措置は、秩序ある治世をはじめることに失敗したばかりか、既存の無政府状態をひじょうに悪化させる結果になった。ギリシア正教世界の本土においては、オスマン・トルコのバヤズィト・イルデリムが、コンスタンチノープルを占領して父祖の恨みを晴らすという二大業績を、いますこしのところで「征服王」メフメット〔二世〕に先んじて達成するところであったが、その途上で、きわめて強力な軍事力〔ティムール〕が突如として抗しがたいいきおいをもって「不意打ち」をかけてきたために、たちまちにして粉砕されてしまった。

　約束の地を望見しながらその地に足をふみ入れることのできなかったこれらの先駆者のつぎには、一時的に無政府状態という怪物を屈服させる先駆者の第二陣がつづく――もちろん、かれらは、この怪物を、ふたたび頭をもたげたり、歯をむきだしたりできないほど決定的に屈服させるわけではない。

　ギリシア〔文明〕世界においては、ポンペイウスとカエサルが、ローマの無政府状態を「ローマの平和《パクス・ロマーナ》」にかえるという仕事を二人で分担しあっていたが、その結果は、お互いに武器を向け合うことによって、お互いの共通の事業を台なしにするという罪を分かちあったにすぎない。相争うこの二人の武将は、力をあわせてこの世界を救うべき使命をもっていたのに、この世界をば、またしてもローマの内乱のいけにえになるように運命づけたのであった。そしてその勝利者は、勝ち誇りはしたものの、エソウ〔イサクの長子――不品行の俗悪者とされている〕のように「祝福を受け継ごうと願ったけれども、捨てられてしまい、涙を流してそれを求めたが、悔い改めの機会を得なかった」〔ヘブル人への手紙第一二章第一七節〕のである。カエサルは、一見万能とおもわれたときには、世にしられている仁政をほどこした。だが、それでポンペイウスやカトーを殺したことがつぐなわれたわけではない。その殺人者は、それ以上剣をふるって殺人を犯すことをさしひかえはしたが、命を助けてやった敗敵の短剣によって死なねばならなかった。そして、この悲劇的な最後をとげるにあたって、カエサルは、自分が救おうと心からねがっていたあわれな世界に、心ならずももう一つ別の内乱という遺産をのこしたのであった。カエサルとポムペイウスがこのようにやすやすと四散せしめてしまった事業は、カエサルの養子〔オクタヴィアヌス、のちのアウグストゥス〕によって完全に成就されたが、それまでのあいだに、剣はさらに多くの人命と幸福をうばわねばならなかった。アウグストゥスは、アクティウムのたたかいで最後の敵をやっつけることによって、かれの指揮下にあったばく大な軍隊を復員させることに成功した。

　シリア史において、カエサルに匹敵する人物は、キュロス〔二世（大王）〕である。かれは、「アッシリアの暴虐」によって傷めつけられた世界に「アケメネスの平和《パクス・アケメネイア》」をもたらそうとした。キュロスは、（いい伝えによると）アポロンの神が天よりしめしたしるしを心にとめて、クロイソス〔リディア王〕に危害を加えようとかんがえたことを悔いたというが、これは無駄であった。キュロスは、敗敵クロイソスを火あぶりの刑に処すかわりに、かれを信頼するに足る相談相手とした。だが、（ヘロドトスの語るところによると）何年ものちに、キュロスは、クロイソスが善意からあたえた悪い忠告にしたがって行動したために、命をうしなうことになったとのことである。キュロスに引導をわたしたのは、遊牧民〔マッサゲタイ〕の女王トミリスである。かの女は、このペルシア王〔キュロス〕の血に飢えた飽くことなき欲望を満足させることを約束した。そして、死者の血をブドー酒を入れる革の袋にみたし、そのなかにキュロスの死体からとった口を漬けたのである。自分が武器をとったために滅びたのは、キュロス自身だけではない。それは、このアケメネス帝国の創始者の死が、同帝国の崩壊をもたらしたからである。カンビュセス〔二世、キュロスの子〕は、ガイウス〔第三代ローマ皇帝カリグラ〕やネロ〔ローマの暴君〕がオクタヴィアヌスの「アウグストゥスの平和」を荒らしたと同じように、キュロスの「アケメネスの平和」をじゅうりんしたのであった。そして、ヴェスパシアヌス〔ローマ皇帝〕が荒廃したアウグストゥスの事業を再建したと同様に、ダレイオス〔一世〕がキュロスの事業を再建しなければならなかった。

　同じシリアの世界においては、それから一千年以上ものちに、アラビアの武将ウマル〔イスラム教第二代正統カリフ〕が、かつてのペルシアの武将キュロスの電撃的な征服の向こうを張って、久方ぶりのギリシア文明の侵攻をゆっくりと停止させた。このエルサレムの占領者は、サルデス〔リディアの首都〕の占領者〔キュロス〕と同じように仁政をしいた。しかし、その結果は、剣をもった自称教世主には「悔い改めの機会」のないことがふたたびしめされたにすぎなかった。またしても剣によって建設された国家は、建設者の剣がさやにおさめられてしまうとともに崩壊してしまうのである。ウマルの死後、その事業は、キュロスの事業と同様に、一たん不面目に破壊されてから、かがやかしく再建された。ただし、カリフ国の歴史においては、カンビュセスとダレイオスの役割は、万能的な才能のもち主であるただ一人のアラビアの政治家によって、交互に演じられた。この政治家ムアーウィヤ〔ウマイヤ朝初代カリフ〕は、冷酷にも、ローマとペルシアとの結末のつかない最後の戦争によって疲弊した世界を、さらにアラビア人の内乱によって苦悩のどん底に陥れる。そして、その間に、抜け目のないウマイヤ家は、予言者マホメットの政治的遺産を、予言者自身の従兄弟であり娘むこである一人の無能者〔アリー〕から盗みとってしまう。

しかしながら、そのつぎには、先駆者の第三陣がある。この一群は、自分の労働の果実をみずから享受することなく、そのかわりに中断も後退もなしに後継者に手わたす、ヘラクレス的な人物たちからなっている。バビロニア世界においては、ナボポラッサル（在位紀元前六二六―六〇五年）が、アッシリアという虎を殺すために一生涯をついやしている。そのおかげで、ネブカドネザル（在位紀元前六〇五―五六二年）は、ニネヴェ〔アッシリアの首都〕が廃墟になったため、はじめて安泰をかちえた新バビロニア帝国の王座に一人の挑戦者もなしにつくことができた。

後世の歴史家は、世界国家の建設者たちの生涯を、ときをへだてた事件の経過という光に照らしてみることができるが、このような歴史家の眼には、ゼウス的な姿は、これに先だつヘラクレス的な姿といちじるしく異なっているふうにはみえない。だが、物事を遠近法的にみることのできなかった当時の観察者の眼には、失敗と成功とのあいだにはひじょうなへだたりがあるようにみえがちである。当時にあっては、世界国家の建設者たちは、先人が雄々しく努力したが失敗した事業をみごとに成就したようにみえた。そして、この成功が間違いないものであることは、建設者自身の生涯や行為がみのり多いものであったことによってだけでなく（こういった事実がいかに雄弁に語ろうとも)、その後継者が栄えていることによって、ひじょうにはっきりと保証されているようにおもえたものである。ソロモンの栄華は、ダヴィデの勇気をひじょうにはっきりと証明する証拠になっている。そこで、われわれは、いますこし剣をもった救世主にする観察をつづけて、ソロモンのような王侯の家に生まれた人物を概観してみることにしよう。「王子」の剣は、その衣のひだのなかに体裁よくかくされている。かりにかれらがかくしていた剣をだして本性をばくろすることがあるとすれば、こういう自分自身を裏切るような行為は気まぐれから起ったのであって、必要に迫られてのことではないということがつねにわかるであろう。もし剣による救世の「正しいことは、そのすべての子が証明する」〔ルカによる福音書第七章第三五節〕とすれば、そのことをしめしているのは、文明の解体の全歴史をつうじて、このソロモンの世代をおいてはほかにないにちがいない。それゆえに、ソロモン型の人物を注意ぶかく調べてみたいとおもう。

ソロモンのような王の治世は、部分的には平和と繁栄がたもたれている比較的幸福な期間であって、われわれの眼をその治世のあいだだけの世界に限るなら、「黄金時代」ともみえようが、視野をひろげて文明の全期間をもふくめてかんがえてみると、世界国家の興亡などは、ながい解体の物語のなかにでてくる多くの事件の一つにすぎず、その全期間のうちではソロモンたちの治世は、実は「小春日和」にすぎないことがわかる。この「小春日和」という歴史的な現象を経験的に調査してみると、二つのいちじるしい特徴があきらかになる。すなわち、それらは、性格的には、ひじょうに似ているが、その継続の期間はひじょうにまちまちであることがわかる。ギリシア〔文明〕世界の「小春日和」は、西暦九六年の皇帝ネルヴァの即位にはじまり、一八〇年の皇帝マルクス〔アウレリウス〕の死とともに終わった。この八十四年間は、「ローマの平和《パクス・ロマーナ》」の全期間の四分の一にすこし足りない。なぜなら、「パクス・ロマーナ」は公的な事件によって年代を定めてゆくという従来の年代学からすれば、紀元前三一年のアクティウムのたたかいの直後にはじまり、西暦三七八年のアドリアノープルのたたかいの日に終わった、というふうにかんがえることができるからである。エジプト社会の歴史においては、「新王国」の「小春日和」はもっとながくつづいた。すなわち、紀元前一五四五年ごろのトゥトメス一世の即位から、紀元前一三七六年のアメン・ヘテプ三世の死にいたるまでである。しかし、ローマの「小春日和」とエジプト社会のそれのいずれもは、エジプト最初の世界国家たる「中王国」の「小春日和」の継続期間にはおよばない。なぜなら、この最初のエジプトの「小春日和」は、紀元前二〇〇〇年ごろから紀元前一七八八年にまたがった第十二王朝〔中王国時代の王朝〕とほとんど時期を同じうするからである。そして、この「小春日和」の末期が、紀元前一八〇一年〔紀元前一七九二年？〕のアメン・エム・ヘト三世の死とともにはじまるとしても、その期間は、「テバイの平和《パクス・テバーナ》」の全期間の半ばにまたがっている。「パクス・テバーナ」は、そのはじめを紀元二〇七〇年ないし二〇六〇年ころのメントゥ・ヘテプ四世の即位のときとし、その後を紀元前一六六〇年ごろにヒクソス人〔小アジアの遊牧民、中王国末期に侵入して約百二十年間エジプトを支配した〕が暴威をふるいはじめたときとすれば、全体でおよそ四世紀のあいだつづいたことになる。

何代にもわたる（すくなくとも一つの場合にはほとんど一王朝の全期間中つづいた）これらの「小春日和」は、他の「小春日和」とそのながさをいちじるしく異にしている。他の「小春日和」も同じ社会現象をたしかにはっきりと例証してはいるが、せいぜいのところ一君主の治世期間ほどしかながつづきせず、それゆえにこの種の「小春日和」は、その君主の名を冠して知られている。アラビアのカリフ国の歴史においては、ハルン・アル・ラシッド（在位西暦七八六—八〇九年）の治世の有名な「小春日和」が、その前後をとりまくひじょうな暗黒のためにひときわあかるくかがやいてみえる。このアッバス朝カリフの栄光は、かつての何代もつづいたウマイヤ朝の長年月にわたる労苦の結果が集積して生まれたものであったが、これがひきたってみえるのは、それ以前には無政府状態がつづき、またその後には瓦壊がくるからである。すなわち、それ以前には、ハルンの祖先たちがウマイヤ朝の手からアッバス朝の手にカリフの地位をうばいとり、またそれ以後には、ハルンのあとをつぐアッバス家が、それ自体の近衛兵であったトルコ人のために奴隷にされるという屈辱をこうむる。

ギリシア正教世界の本体〔main body〕においては、「オスマン・トルコの平和《パクス・オットマニカ》」が「壮麗王」スュレイマン（在位西暦一五二〇—一五六六）の治世に「小春日和」を出現させた。かれは、「現実の世界」で、かれと同じ名をもつイスラエル王〔ソロモン〕の伝説的な栄華の向こうを張ったのである。当時の西洋人はあたかもシェバの女王がソロモンの知恵に驚嘆した〔列王紀上第一〇章および歴代志下第九章参照〕ように、トルコのソロモンの領土の広大さと富のゆたかさと建物の壮大さにおどろかされた。かれらは「全く気を奪われてしまった」〔列王紀上第一〇章第五節〕のである。しかし、聖書にでてくる方のソロモンが、結局はわが身に招来することになった呪いは、トルコのソロモンであるスュレイマンの身にもふりかかることになった。主はソロモンに言われた、「これがあなたの本心であり、わたしが命じた契約と定めとを守らなかったので、わたしは必ずあなたから国を裂き離して、それをあなたの家来に与える」〔列王紀上第一一章第一一節〕。「壮麗王」スュレイマンは、オスマン・トルコ皇帝の奴隷宮の補充は異端者の子をもってすべきであるという原則や、イスラム教徒の自由民は「宗教的職権」のゆえに兵役につかせるべきではないという原則を最初に破って、トルコの社会制度の基礎を徐々に破壊した皇帝であった。スュレイマンは近衛兵の息子が「近衛歩兵」の兵役につく義務を緩和したために、結果的には、近衛歩兵隊を弱体化して災厄を招くきっかけをつくった。すなわち、みずから招くこの破局は、帝国自体をオスマン・トルコ皇帝からとりあげて、その「人間家畜」たる「非イスラム教徒」の手にあたえた。

ここで、ギリシア正教世界の本土からその分かれであるロシアに眼を転じてみると、一見したところ「壮麗王」スュレイマンに匹敵する人物として、かれと同時代のイヴァン雷帝（在位一五三三―一五八四年）をあげることには、ちゅうちょせざるをえないかもしれない。恐怖政治と「小春日和」とは、両立するであろうか。この二つの雰囲気は、互いに鋭く対立するような印象をあたえるから、はたしてそれらが時と場所を一つにして共存することがありうるかどうか、ということは疑問である。しかしながら、イヴァン雷帝の業績にかんする記録をみてみると、かれの治世が一種の「小春日和」であったことをみとめざるをえない。なぜなら、この治世において、モスクワ大公は、なお東ローマ皇帝の資格と称号を保持しており、カザンとアストラハン両地方〔いずれもヴォルガ川流域〕の征服、ならびに白海とシベリアの開拓によって、その資格と称号にふさわしい大胆さをきたんなく披れきするからである。これは、天空に雷鳴がとどろいていたとはいえ、まさしく「小春日和」であった。イヴァン雷帝の治世をこのように解釈することは、その後の結果によっても確認される。皇帝が死ぬ前夜に、一つの影がかれの治世の不吉な日光をさえぎっていた。バルト海にそった地方を獲得するための戦争〔リヴォニア戦争＝一五五八—一五八三年〕の推移が、この影を投げかけたのである。この戦争は、その後において同じ目的のためにピョートル大帝がたたかった戦争〔北方戦争＝一七〇〇—一七二一年〕よりもながびき、しかも結果的には、ピョートルのかがやかしい成功とはおおよそ逆のみじめな失敗に終わった。そして、イヴァンが亡くなったとき、かれがのこした国家のうえには、矢つぎばやに災厄がふりかかってきた。一五九八年にはリュリック王家が絶え、一六〇四年から一六一三年にかけてはロシアのギリシア正教的世界国家が一時的に崩壊し、その後ピョートル大帝の治世を迎えるまで、ロシアは完全にたちなおることがなかった。

いまここで、ただの一治世よりながい期間つづいた「小春日和」を数えあげてみるとしても、それらは、ながつづきはしたものの、結局は逆境の襲来に屈したことがわかるはずである。ギリシア〔文明〕世界においては、マルクス〔＝アウレリウス〕のつぎにコンモドゥスがつづき、アサンデル・セヴェルスのあとには「三十人の暴君」がつづいた。「新王国」時代のエジプト世界では、アメン・ヘテプ三世のつぎにはアメン・ヘテプ四世がつづく、かれは、みずからイク・ン・アトン〔太陽神アトンのお気に入りという意味〕と改称した悪名のたかい王である。一方、「中王国」の時代には、アメン・エム・ヘトという名の王とセン・ウスレトという名の王が交互にあらわれた一連の治世のながい王朝〔第十二王朝〕が終わると、こんどはわずか四分の一世紀という短期間に十三人もの王がかげろうのようにつぎつぎと王位を手に入れてはうしなっていくという王朝〔第十三王朝〕に移った。

以上における「小春日和」についての観察からすれば、結局はつぎのように結論できるようにおもう。すなわち、ソロモンのような諸王の生涯をみてみると、剣を救世の道具とすることができるという主張は、はっきりと立証されるどころか、逆にはっきりと反証される。なぜなら、「小春日和」というものは、一王朝のあいだつづこうと、それより期間が短くてたった一人の王の治世のうちに生じて消えようと、われわれのみたかぎりでは、本質的に過渡的なものであるという点ではかわりがないからである。ソロモンの栄華は、いずれは消え去る栄華である。そして、もしソロモンが失敗したとすれば、ダヴィデが（そしてダヴィデの先駆者たちが）、剣をふるったのも無駄だったということになる。ひとたび血を吸った剣を、ふたたび永久に血を吸うことがないようにすることができないのは、一度人肉の味を知った虎をそのときから人食い虎にさせないようにすることができないのと同じである、というのが真相のようにおもわれる。もちろん、人食い虎は、いずれは死ぬ運命にある。たとえ銃弾を逃れるとしても、疥癬《かいせん》で死ぬであろう。しかし、たとえ虎が自分の運命を予見することができるとしても、最初の人肉の味がかれの胃袋に目ざめさせたあさましい食欲を抑えつけることは、おそらくできないであろう。ひとたび剣にょって救いをもとめた社会についても同じことがいえる。その指導者たちは、自分の犯した虐殺的なふるまいを改めるかもしれぬ。かれらは、カエサルのように敵に慈悲をたれ、アウグストゥスのように軍隊を解散するかもしれない。かれらは、傷心のうちに剣をかくしながら、おそまきながらも樹立された世界国家の境界内を依然として横行している犯罪者や、外辺の暗黒の地で依然として頑強に反抗しつづける蛮族にたいして平和をまもるという、たしかに有益かつ合法的な目的のため以外には、二度と剣を抜くまいと真剣に決意するかもしれない。かれらはこの決意を誓約で固め、魔よけの祈禱で強めるかもしれない。一時は、殺人というあばれ馬にくつわをはめ、手づなをつけて、人生という車につなぎとめるという、敬けんな「離れわざ」をみごとになしとげたようにみえるかもしれない。だがしかし、すばらしいようにみえるかれらの「世界の平和《パクス・オエクメニカ》」は、三十年か百年か二百年そこらのうちは、埋められた剣の刃という不気味な土台のうえにしっかとたっているかもしれないが、やがては「時」というものがかれらの事業を無に帰せしめてしまうであろう。

実際に、「時」は、最初からこれらの不幸な帝国の建設者たちの仕事を破壊する働きをなしているのである。なぜなら、剣の刃は、けっして落ちつくことのない土台だからである。この血にそまった武器は、人目にさらされていようが、埋められていようが、依然としてその不吉な「宿命」をになっている。ということは、それらは生命のない礎石となることはけっしてなくて、たえず躍動しつづけ、（キリンケツの木〔シュロ科の熱帯植物〕の種子のようにくれない色にそまり）、あらたに地表におどりでてはふたたび殺し殺されて血をながす奴隷剣士《グラディアトル》を生むのである。世界国家の「パクス・オェクメニカ」は、一見したところなんの努力もせずに至高の地位に静かについているかにみえながら、実はそのふところにあるはらい清めていない悪魔にたいして、絶望的な勝ち目のないたたかいをたえずつづけているものである。そして、われわれは、この精神的闘争が、政策上の対立・抗争というかたちでたたかわれているのをみることができる。

　世界国家のゼウス的支配者は、あのキュロスにとって致命的となった征服にたいする飽くことのない欲望を抑制することができるであろうか。また、かれらは、たとえ「強きをくじく」という誘惑に抗することはできないとしても、ともかくも「弱きを助ける」というヴェルギリウスの忠告〔叙事詩『アエネィス』のなかのローマ人にたいすることば〕にしたがって行動するようになることができるであろうか。この二つのテストをゼウス的支配者の行為に適用した場合、かれら自身の良い決意を長期間にわたってまもりつづけることに成功する例は、きわめてまれであることがわかるはずである。

　ギリシア〔文明〕世界の世界国家の歴史においては、帝国の建設者アウグストゥスは、帝国をかれの当時の範囲内で維持し、それを拡大しようとしないで満足するようにとの有名な忠言を後継者にのこしたが、それに先だってローマの境界をエルベ川までのばそうとするくわだてを放棄して、かれみずから穏健政策の実例を後継者たちにしめした。ストラボン〔ギリシアの地理学者〕は、このアウグストゥスの原則は、ブリテン島の支配にかんするかぎりは例外をみとめるものなのかどうかという問題をめぐる当時の議論を伝えているが、そのなかにアウグストゥスの態度がしめされている。もちろん、ブリテン島だけを例外としたことにかんするかぎりは、なんの罰もこうむらずにすんだ。だがのちに、トラヤヌスが、パルティア帝国を征服しようとしたクラッススやカエサルやアントニウスの夢を実現しようとくわだてて、アウグストゥスの原則を大幅に打ち破ったときに、かつてのアウグストゥスの判断が正しかったことが例証された。ローマ帝国の財力と人力とは、エウフラテス川の西岸からザグロス〔現在のイラン西部の山系〕のふもと、ならびにペルシア湾北端にまで一時的に歩をすすめた代償として、耐えがたいほどの負担を加えられるのである。征服者の踏まえた両脚のあいだにあるあらたに征服した領土だけではなく、帝国の背後のむかしからの領土に散在する分散ユダヤ人のあいだにも、反乱や暴動が起こった。ギリシア〔文明〕世界の生まれつつある「小春日和」の青空に一瞬にして暗雲がひろがった。だから、トラヤヌスの後継者ハドリアヌスは、トラヤヌスの剣によって譲りわたされたおそろしい遺産を清算するために、ひじょうな思慮と才能を傾倒することを余儀なくされる。ハドリアヌスは、ただちに、トラヤヌスが征服したエウフラテス川東岸の地から軍隊をひきあげた。しかし、領土にかんしては戦前の状態にもどすことができたものの、政治的情勢にかんしてはそうはゆかなかった。トラヤヌスの侵略行為は、ハドリアヌスのつぐない以上にふかい印象を、エウフラテス川以東の地のシリア人の心に植えつけた。事実、この時期から、シリア世界のエウフラテス川以東の地における感情の変化がはじまったとみなすことができるようである。この変化は、ローマが剣に訴えるという病気を再発したために生みだされたのであって、イランにおける反動は、ついにセンセーショナルなかたちであらわれるにいたり、革命によってアルサケス朝〔パルティア〕という丸太の王さまのかわりにササン朝〔ペルシア〕というコウノトリの王さまがすえられて〔『イソップ物語』の「王さまを乞うカエルども」の話の転用〕、侵入者にたいする反攻が再開されるはこびとなる。この地の反攻は、かつて紀元前二世紀にイランとイラクの足場からヘレニズムを追い払うのに成功したことがあるが、紀元前二〇年にアウグストゥスによってローマとパルティアとの「名誉ある講和」が締結されて以来、中休みの状態にあった。だが西暦二六〇年にササン朝〔ペルシア〕の第二代の王〔シャープール一世〕は、西暦一一三年から一一七年にかけてトラヤヌスがアウグストゥスの原則を破って軍をすすめたことにたいする応報をこころみて、紀元前五三年にパルティアがローマ軍に加えた災厄を再現させた。

　エジプト史においては、アアフ・メス〔一世〕（在位紀元前一五八〇—一五五八年）が「解放戦争」のためにさやを払い、トゥトメス一世（在位紀元前一五四五—一五一四年）が「第二回戦」でふるったテバイ〔首都の名〕の剣は、女王ハトシェプスト（在位紀元前一五〇一—一四七九年）によってやっともとのさやに納められはしたが、結局はハトシェプストが死んでひきとめ手がなくなるや否や、トゥトメス三世（在位紀元前一四七九—一四四七年）がふたたび剣を抜いてふるうことになる。つぎの百年間（紀元前一四七九年ごろ—一三七六年）にわたってこの「新王国」の政策を支配した軍国主義の「宿命」は、イク・ン・アトン〔アメン・ヘプテ四世〕が四人の先王からうけついだ政策をいかに熱心にふり捨てたところで、とうてい消え去るはずがなかった。これは、ナボニドス〔新バビロニア王国最後の王〕が、先王からうけついだ好ましくない現実を無視するために考古学の楽しみにふけるような子供じみたことをやってみたところで、とうていネブカドネザルの軍国主義にたいする「応報」を避けることができなかったと同じである。

オスマン・トルコ帝国の歴史においては、「征服王」メフメット〔二世〕（在位西暦一四五一—一四八一年）は、歴史的なギリシア正教世界（ロシアにおける分派をふくまない）に位置するだけに、「オスマン・トルコの平和《パクス・オトマニカ》」をつくりあげるに際しては自分の野心を抑え、さらに、隣接する西洋キリスト教世界とイラン世界の領域を侵略しようというあらゆる誘惑をもしりぞけた。しかし、メフメットの後継者「冷酷王」セリム一世（在位一五一二—一五二〇）は、（一つにはサファヴィ朝のイスマーイール〔一世〕の侵略というやむをえない理由もあって、）アジアにおいてメフメットの自制的な命令に違反し、さらに、セリムの後継者スュレイマン（在位一五二〇—一五六六年）は、この同じ自制的な命令にヨーロッパにおいても違反するという大きな過ちを犯した。この行為は、結局はいっそう大きな災厄をもたらすのであって、セリムがいかに「不可抗力」だと弁解したところで、とうてい許されるべき過ちではなかった。この結果、オスマン・トルコ帝国は、二方面でたえず戦争をおこなわねばならないようになり、しかもこの敵を戦場では再三破りはしたものの、けっして絶滅させることができず、このために力をすりへらされて、急速に衰微していった。そして、このセリムとスュレイマンの過ちは、オスマン・トルコ政府の政策のなかにふかく根をおろすにいたり、スュレイマンの死後の瓦解さえも、メフメットの穏健な政策を是とするような永続的な政策転換を全然生みださなかった。オスマン・トルコ帝国の浪費された力がキョプリュリュ家〔歴代の宰相をだした一家で、キョプリュリュ執政時代を現出した〕の政治的手腕によって補充されるや否や、その力は、カーラ・ムスタファー〔オスマン・トルコの一宰相〕のフランク人にたいするあたらしい侵略戦争のためについやされてしまった。このたたかいは、トルコの国境をライン川の東岸までのばそうとするものであった。カーラ・ムスタファーは、この目的地を指顧の間に望見するというところまで到達することはできなかったが、「壮麗王」スュレイマンの偉業の向こうを張って、ヴィーンの包囲攻撃をおこなった。しかし、一六八二年からその翌年にかけても、一五二九年の場合〔スュレイマンの攻撃〕と同様に、西洋キリスト教世界のドナウ川という甲羅の突起物〔ヴィーン〕は、オスマン・トルコ軍にはどうしても割ることのできない固いクルミであった。しかも、この二度目のヴィーン攻撃の失敗は、無事にはすまなかった。すなわち、オスマン・トルコの第二回のヴィーン包囲は、西洋側の反撃をひき起こしたのである。この反撃は、一六八三年から一九二二年にいたるまで、大したゆきづまりにあうことなくつづけられ、最後にはオスマン・トルコ人はその帝国をうばわれたばかりでなく、故地アナトリア〔小アジアの黒海・地中海に突出した半島部〕を所有しつづける代償として、祖先伝来のイラン文化をも放棄せざるをえなくなった。

このように気まぐれに西洋キリスト教世界のオオクマバチの巣をつついたカーラ・ムスタファーは、かれに先だつスュレイマンと同様に、かのクセルクセス〔古代ペルシア帝国の王〕が犯した古典的な過ちと同じ過ちを犯したわけである。ダレイオスの後継者クセルクセスは、大陸ヨーロッパのギリシアにたいして侵略戦争をはじめたが、このためにギリシアの反撃を招き、そしてこの反撃のためにアケメネス帝国は、アジアにおける領土のギリシアに隣接した部分を一朝にしてもぎとられてしまい、最後には、テミストクレスのひきいるアテネの海軍がはじめた事業が、アレクサンドロスのひきいるマケドニア陸軍にひきつがれて完成されるとともに、帝国自体が破壊されるにいたった。

以上における二つのテストのうち、第一の剣をさやに納める能力についてのテストでは、世界国家の支配者たちはあまりかんばしい成績をあげていないことがわかるであろう。そこで、境界外の人びとにたいして侵略をおこなわなかったかどうかということについてのテストから転じて、すでに誇らしげな「パクス・オェクメニカ」のもとに生活している人びとにたいして寛容であったかどうかという第二のテストの結果をみてみるなら、この第二の試練においても、ゼウス的な支配者たちの成績は、第一のテストと同様に、あまりかんばしくないことがわかる。包容性というものは、帝国の建設者たちの特徴であるから、表面的にはかれらは容易に寛容でありそうにおもえるのだが、結果は依然として不成績であった。

たとえば、ローマ帝国政府は、ユダヤ教にたいして寛容な態度をとることに決意し、再三のはげしいユダヤ人の挑発にもかかわらず、この決意をまもりとおした。しかし、さしもの忍耐強い政府も、ギリシア〔文明〕世界を改宗させにかかったユダヤ教の一異端〔キリスト教〕にまでその寛容さをひろげるという、よりいっそう困難な一つの精神的な芸当をみせることはできなかった。すなわち、帝国政府は、ローマ当局とキリスト教会との最初の衝突において、キリスト教の信仰告白を第一の大罪とするという極端な措置をとったのである。もちろん、暴君ネロの後継者たちは、ネロの野蛮な行為の多くを帳消しにはしたが、ただ一つ、そのキリスト教会との死闘の宣戦布告だけはとり消さなかった。キリスト教が、ヘレニズム世界国家の支配者によってこのように「禁制の宗教」としてご法度にされたことは、その結果と同様に注目に値する。帝国政府にキリスト教がどうにも我慢のならなかった点は、良心に反した行為でも臣民におこなうよう強制する権限が、政府にはあるという政府側の主張を、キリスト教徒たちがうけ入れようとしなかったことであった。キリスト教徒たちは、剣の権〔*the sword's prerogative* 剣の特権〕に抵抗した。そこで、アウグストゥスがやっとのことでさやに納めた剣が、この「大逆罪」にたいして、ちょうど穴から出てくるへびのように、ふたたびさやからあらわれて、こんどは世俗的の武器をもってしては打ち負かすことのできない精神的な力とたたかいをまじえることになった。だが、殉教は、キリスト教の宣教を阻止するどころか、かえって改宗させるためのもっとも効果的な手段であることを証明した。そして結局においては、キリスト教殉教者の精神が、ローマの支配者の剣に打ち勝って、「キリスト教徒の血はキリスト教の種子である」といった、かのテルトゥリアヌス〔カルタゴ生まれの教父〕の大胆不敵な広言をそのまま裏書きすることになった。

アケメネス〔ペルシア〕政府もローマ政府と同様に、被支配者の同意をえて支配するという原則を打ちだしていたが、実際には、ローマ政府と同様に、ほんのわずかしかこの政策にしたがって行動することができなかった。もちろん、フェニキア人やユダヤ人を帰順させることには成功したが、結局は、バビロニア人やエジプト人を手なずけることには失敗している。カンビュセス〔ペルシア王〕は、カルタゴの同胞とたたかうことを拒絶したティルス人を許した。また、ダレイオスは、ゼルバベル〔ユダヤ人をバビロンの幽囚から故国へつれかえった〕が反逆をくわだてたにもかかわらず、ユダヤ人を許した。こういった雅量は、これらシリアの二民族が、前者の場合には、バビロニアの圧政者から、後者の場合には、ややもすればギリシアという敵から自分たちを救ってくれた「大王」〔ダレイオス〕にたいしていだきがちな忠誠心を固めるのに役だった。しかし、キュロスのバビロニア僧侶階級にたいする懐柔や、ダレイオスのエジプト僧侶階級にたいする懐柔は、はかない「離れわざ」であった。いかなる駆け引きや甘言をもってしても、とうていバビロニアやエジプト文明の後継者たちを外国の支配に永久に甘んじさせるというようなことは不可能であった。そして、バビロニアはクセルクセスによって、またエジプトはアルタクセルクセス〔三世〕によって、それぞれ鎮圧されるまで、反乱を起こしつづけた。

オスマン・トルコ人も、やはりその「非イスラム教徒」を手なずけることに失敗した。かれらは、「ミレット」〔非イスラム教徒の宗教的共同体〕制度をとおして、「非イスラム教徒」に、文化的な自治権だけではなくて、市民的な自治権さえもあたえていた。だが、法律上の制度での自由は、それを適用する際の事実上の高圧的な態度によって、台なしにされてしまった。であるから、オスマン・トルコ政府は、この「非イスラム教徒」を完全に心服させることができなかった。そして「非イスラム教徒」は、オスマン・トルコ人がつづけさまに敗北したことから反逆の機会をつかんで、危険な実際的方法で、その反抗心をしめした。かつての情容赦のない行動の人「冷酷王」セリム（かつてシーア教〔イスラム教の一異端〕を信奉する少数者を絶滅させたことがある）は、自分の臣民のうちのギリシア正教を信奉する多数者を絶滅させる計画をもっていたが、宰相ピーリー・パシャとイスラム教の司教ジェマーリーが協力してそれを阻止することにつとめたので、その計画はとうとう実行に移されなかった（とのことである）。それゆえに、セリムの後継者たちが、「非イスラム教徒」の反抗に直面して、かつてセリムの計画が実行されなかったことを悔んだとしても、あながち理由のないことではなかった。

　司教ジェマーリーは、セリムの暴虐な計画を妨害しようとつとめて、首尾よく成功した。だが、このときにかれを動かしたものとしては、かれ個人の人間的な感情とともに、職務上の義務としてまもるべきイスラム教の経典の恒久的な原則をあげることができる。この司教は、「聖書を奉ずる」非イスラム教徒が、イスラム教徒の剣に武力をもって抵抗することをさしひかえてイスラム教当局に服従し、付加税を払うという意志を有し、かつこれらのことを実行するかぎりは、容赦してやるようにという命令を、イスラム教徒たる司令官〔セリム〕に発した。事実、これは、アラビアの原始イスラム教徒の帝国建設者たちがしたがった原則であった。かれらが帝国の建設という事業を驚異的なはやさで完成しえた理由の一つは、かれらがこの原則に忠実であったことにある。襲撃が大規模な恒久的征服にかわるやいなや、カリフ・ウマルは、イスラム教徒のアラビア人兵士の略奪から、というよりはかれらの権利から、被征服民を保護するために、調停者の役割を演じた。第三代カリフのオスマーンが生命をうしなったのは、ウマルの政策を捨てたがらなかったためであった。そしてこの点にかんしては、ウマイヤ朝の諸王は、「正法をえたる」四人〔正統派カリフ〕の後継者たるにふさわしいことをみずからしめした。すなわち、ムアーウィア〔ウマイヤ朝初代カリフ〕は寛容の模範をしめし、これにかれ以後のウマイヤ朝の諸王がしたがったばかりか、アッバス朝初期の王たちもしたがった。しかし、アッバス朝の治世の末期は、暴徒による暴力行為の勃発によって、かつての名誉をけがしてしまう。この暴動は、カリフ国の臣民のなかのキリスト教徒にたいするものであったが、このキリスト教徒たちは、そのころには、イスラム教への大量改宗の結果、人口の過半数から半分以下に減少していた。この改宗は、世界国家の分解と社会的空位期が近づいている前触れであった。

以上の観察は、ひとたび血を吸ったあとでさやに納められた剣の自殺的なしつこさというものをあきらかにしている。血ぬられた武器は、さやのなかでさびてしまうのではなくて、つねにもう一度躍りでたくてむずむずしているのである。それは、ちょうど、この不吉な道具を最初に使った自称救世主のもう肉体と分離してしまった精神が、安らぐことができないかのようである。

犯罪の道を歩んで世を救おうとしたかれの罪は、ひとたびこのように誤って使われたその武器の働きによってしかつぐなわれない。そして、そのつぐないがなされるまでは、かれの精神は安らぎをしらない。救う力のない道具には、まだ罰する力があるかもしれない。悔悟の念とともにさやに納めた剣は、依然として自分の性分にあったこの任務をはたそうとしつこくまちかまえている。そして、「時」がくるなら、これに呼応して、みずからの目的をはたす。文明の外辺に遠ざかってほとんど聞こえなくなっていた戦場の雄叫びが、「時」がくるなら、野蛮人の軍隊の先頭にたって、ふたたび大波のように押しよせてくる。かれらは、たえ間のない辺境戦という有益な学校で、専門的な軍事技術を習得することによって、「国境」の城塞を打ち破って押しよせてくる。さらにもっとおそろしいことは、ふたたび武器をとった国内のプロレタリアートの反乱によって、このおそろしい物音が、ふたたびいずみのようにわき起こることである。これは、この「身分のいやしい連中」をおどしつけて、あるいはたらしこんで服従の習慣をつけさせてからすでに久しいと、安心してきた「支配的少数者」にとっては、おどろきである。いままでは伝説化している戦争と革命の亡霊が、ふたたびむかしのように白昼に横行する。そして、いまだかつて流血を目撃したことのない「ブルジョアジー」は、いそいで手あたり次第の材料を使って、無防備のままになっていた都市のまわりに城壁をつくる。こわされた立像や、けがされた祭壇や、倒された柱の四散した破片や、棄てられた公共の記念碑からはぎとられた碑文を刻みこんである大理石のかたまりなどで、城壁をきずく。平和的なこの碑文は、いまは時代錯誤の代物となる。なぜなら、「小春日和」が終わって「混乱時代」にたちもどったからである。そしてこのおそろしい災厄は、昔の悪い時代は永久に去ったといういつわりの確信のなかで育てられてきた世代のうえに、ふりかかってくる。

あとがき

本書の主題は、ミリタリズムの自殺性ということである。イエスの言葉でいえば、「剣をとる者はみな、剣で亡びる」という命題を歴史的に、文明論的に解明しようとしたものといえよう。この命題は、いく様にもとれる。これにたいする代表的な二つの解釈をあげるとすれば、一つはリベラリズムの非暴力論、もう一は正統キリスト教の原罪一辺倒である。リベラリズムの解釈によれば、理性と良心がやがて力にうちかつのだから、力にもっぱら頼るミリタリズムが自滅するのは当然である、ということになる。正統キリスト教では、どうせ人間は罪のかたまりであり、人間界には碌なことがない、その端的な歴史的なあらわれが、権力のあくなき追求としてのミリタリズムであるから、この世からあの世に眼を向けなさい、ということになる。トインビーは、この二つの解釈を捨てるか操作するかしなければ、ミリタリズムを歴史的に、文明論的にあつかうことができなかった。つまり、リベラリズムのように、歴史というものを善にむかって発展してゆく上昇過程と楽天的に観ずることができなかったのは勿論のことだが、正統キリスト教のように、悲観のあまり、歴史のなかに存する是非善悪を識別しようとしないで、これを一括して、すべて罪として一色にぬりつぶすことができなかった。なぜなら、一色にぬりつぶしたのでは、ミリタリズムの自殺性を経験的に論ずることができなくなるからである。

トインビーの全体系は高度宗教にむいており、この「宗教偏向」が気になり、つまずきになっているようだ。このことについて、微細にわたるが、もうすこしいわしていただこう。トインビーは、歴史事実をできるだけ経験科学的にあつかおうとしているので、シュペングラーのように歴史哲学的に、あるいは、アウグスティヌスのように神学的にみようとはしていない。宗教に馴れないひとや神学的思考の性質をしらないひとがみると、随分宗教色が濃く、神学的な概念が介入してきているようにみえる。しかし、トインビーはあくまで経験的な科学にとどまろうと、自制している。つまり、すべての命題を経験的に吟味しようとつとめており、経験を超えた超越的な観念が、歴史をゆがめる危険をよくしっている。しかし、経験が極限的な状況に達すると、どうしても、超越的な命題に触れなくてはならない。かれの全体系はそういう極限へむけて、いわば、ふるえているようにおもわれる。しかし、そのときでさえ、神学の一形式である護教論Apologetikにはなっていない（護教論というのは、すでに与えられたキリスト教のドグマを経験にくだって証明しようとする神学のことである）。トインビーの『歴史の研究』を護教として読んでいたキリスト者は第七巻以降にいたって、はなはだしく困惑してきた。というのは、キリスト教と大乗仏教その他の高度宗教とが対等に、つまり優劣なくならべられてきたからである。

右のことは、下からの、つまり経験的な学問と、上からの、つまり超経験的な、啓示からの学問とのちがいを述べたまでで、トインビーが職人的な歴史家タイプの人である、ということを云おうとしたのではない。かれは、史料のなかに頭を突込んで、そこにうずもれてしまうというような、いわゆる歴史家タイプからは遠い。かれはまず思索する人である。しかし、歴史の経験的な事実に即して思索する。だから、かれがとりあげた一組の事実、その事実からの発想は、みずみずしく、魅力がある（本書の「ミリタリズムの自殺性」もその一つである）。ひとはよくトインビーの博識に驚く。が、それは博識などというべきものでなく、発想を例証する実例を執拗にさがした結果なのである。発想につよい人は、断片的になりやすい。だが、かれの場合、それらの発想がいくつもつなぎ合され、巨大な体系のなかに、はめ込まれ、ところをえている。この体系化が、事実に即して、できるだけ経験的に、さらに帰納的におこなわれたのは、シュペングラーの我田引水、その演繹的な手法を警戒したからである。これらの操作にあたって、かれのいくつかの性向、つまりかれの、心理学、社会学、政治学、精神史が縦横に駆使される。文明は巨大な体系であるから、文明論は、精神が一方向にしかむかず、関心が狭い専門にかぎられた人にはむかない。多角的な関心を一つの焦点にしぼれるような人でなければ、文明論は実りゆたかとならない。トインビーはそういう人である。心理的思考、内観的な傾向は、かれの生得のものであって、これがかれの文章をむずかしくしている。社会学は、かれの本技であって、ここにホーム・グラウンドがある。政治学、とくに国際政治学は、かれの社会学の有力な一翼をなし、「王立国際問題研究所」で十数年にわたって鍛えた、文字通りかれの専門領域である。トインビーを社会学者だという人はすくないが、国際政治学にかけては、第一級の専門家である。これは誰しも否定しないであろう。かれのそばによれば、モーゲンソーやE・H・カーは小さくみえるくらいである。精神史、または文化史をそれだけとしてでなく、社会史とのかかわりで、かれほどとらえた人はすくない。こうみてくると、いわゆる専門の歴史家とは、随分ちがったタイプだということがわかる。トインビーは、歴史家ではなく、文明批評家だという人もでてくる。しかし、文明批評というのは、わが国独特の造語であって、評論の一形式にすぎない。学問分野の名称にはなっていない。わたしは、かれのような探求は、A・ウェーバーやソローキンにしたがって、歴史社会学だとおもっている。あるいは、新しいタイプの世界史学だといってもよい。

ところで、本書の対象はミリタリズムである。ミリタリズムという言葉でどういう事例をまず思いうかべるであろう。歴史的には、スパルタとかアッシリアとかプロシャとか蛮族の侵入とかを、現代ではファシズム、帝国主義などをまず思いうかべる。なるほど、これらは、その典型的な、代表的なものではあるが、よく考えてみると、ミリタリズムの根は、意外にふかく、文明の歴史のすみずみに広くにゆきわたっている。

たとえば、西洋の歴史でいうと、シャルルマーニュのイタリア遠征とか、十字軍とか、法王権と皇帝権との争いとか、近世では、カトリックとかプロテスタントとか宗教戦争とか、さらにくだっては、国民戦争とかは、すべてミリタリズムのあらわれである。トインビーはそこまでこの概念を拡げて使用している。なぜなら、ミリタリズムとは、武力が問題解決の唯一の手段と信ずる精神だからである。力で押して勝ってやろう。そうしなければ勝てない。勝てなければ解決しえない。そう信じている精神は、すべてミリタリズムである。これを「軍国主義」と一応慣習にしたがって訳しておいたが、ぴったりした訳語ではない。というのは、「軍国主義」というとき、近代ナショナリズムの着色、つまり歴史を「国家単位」に、しかも政治的にだけみようとする前提が感ぜられるからである。また、法王・皇帝の争いはもちろん、宗教戦争でも、「軍国主義」のあらわれといったら、少々場違いでおかしく感ぜられる。それは、国家のではなく、教会の政治的な逸脱であり、教会が主体だからである。

　ミリタリズムの根がふかく広いといったところで、人間生活全体がミリタリズムのかたまりではない。ミリタリズムを、政治的な常軌逸脱であるというからには、常軌がある筈で、行動が常軌からはずれるわけだ。人間は、しばしば常軌からはずれやすいから、ミリタリズムの根がふかいし、ミリタリズム現象がいたるところに見られる。しかし、つねにはずれているのではない。もしつねにはずれておれば、常軌は、現実的にたしかめられないから、理想的なもの、したがって超越的なものになってしまい、逸脱を経験的にあげつろうことができない。このつねには逸脱していないということを二通りに説明できる。まず、人間生活は政治だけで出来ていない。政治以外の、つまり非政治的な領域が沢山ある。これらのものにも逸脱は沢山あろうが、しかしそれが政治的逸脱につねにはならないし、なりえない。十字軍や宗教戦争は、たしかにキリスト教の政治的逸脱であった。宗教本来の道からそれて、政治的に制覇しようとしたミリタリズムである。

しかし、つねにキリスト教がそんなことをしておったのではない。シリア出のこの宗教がローマ帝国の下層に浸透していったのは、帝国主義的侵略ではない。それはミリタリズムとはまったく逆のものである。この浸透を弾圧しようとしたローマ帝国の政策の方が、ミリタリズムでうごいていた。同じように、シェイクスピアでもゲーテでも誰でもよいが、芸術作品を創造したとき、それはすこしもミリタリズムから出たものではない。しかし、これを民族文化として誇り、そこにナショナリズム感情の吐け場を見出したら、罪は軽いが、やはりミリタリズムのなせる業だといわなければなるまい。たとえにとった右の宗教や芸術ばかりでなく、経済活動でもそのほかの社会行動でも、同じことがいえる。政治以外の領域でおこなわれることは、ミリタリズムに無縁のものが沢山ある。だから、人間生活がつねには政治的に逸脱しようがない。政治的な活動とならなければ、つまり政治外的な活動にとどまるかぎりは、ミリタリズムとは無縁である。たとえ、それが芸術の常軌、社会の常軌から逸脱していても、政治外的活動なのだから、ミリタリズムにうごかされようがない。

そればかりではない。つぎに、政治の領域だって、つねに政治的に常軌を逸脱するとはかぎらない。あらゆる政治的行動が全部逸脱だといってはなるまい。たとえば、ガンジーの非暴力的抵抗、あるいはクェーカーなどの戦争反対運動をミリタリズムのあらわれだとみることはできない。総じて、下からの運動は、かりに武力に訴えたとしても、すべてがミリタリズムだとはいい切れない。これに反して、権力者の場合は、ミリタリズムにうごかされる場合が、圧倒的に多い。しかし、それでも、すべての権力者を同等にあつかうことはできない。非常に侵略的な国家行動とそうでないものとは、やはり見わけられる。政治の世界で常軌をこうだときめることは、なかなかむずかしい。政治の世界は、権力でうごいているからである。われわれが「支配の時代」(A・ウェーバー)にいきているかぎり、国家があり、政府があり、軍隊がある。軍隊があるのは、他国があるからで、これとの戦争に備えているわけである。これが、ミリタリズムという病気をはやらす格好の土壌である。文明がうまれてから、もう五、六千年もたつが、依然として、この支配の状態がつづいている。支配は強制であり、強制は権力により、権力はぎりぎりには武力であらわされる。人間が苦しんできた二つの大きな社会悪、二つの悪い社会制度は、階級制と戦争である。これが「支配の時代」の特徴である。基本的には、「支配の時代」が終らなければ、人間の解放はないであろう。しかし、こういう国家や軍隊や戦争がある時代にいきていても、そのなかに、より好ましいものとよりひどいものとあるはずで、その凸凹、善悪の識別が基礎となって、それから脱しようという気持もおこるものである。ミリタリズムは、そうした識別の標識の一つなのである。

右のことを、ミリタリズムは心掛け一つでさけられるものだとか、良心的な人または国はミリタリズムの病気にかからないものだ、という風にとってもらっては困る。つまり、われわれにはかかわりのないもので侵略的な、好戦的なものにだけあるという風に、自分は安全で、他をやっつける命題とかんがえてはいけない。実は、トインビーによれば、われわれは、ミリタリズムの跳梁する時代にいきているのだ。ミリタリズムの病気が西洋を、したがって世界を冒している。西洋の歴史では、宗教戦争以来（わが文明では、鎌倉時代以降）ミリタリズムが跳梁する時代なのである。文明が「挫折」した証拠は、ミリタリズムが上下、内外に圧倒的になる「混乱期」の到来である。宗教戦争で、西洋文明は「挫折」し、それ以後、西洋文明は「混乱期」に入った。われわれ西洋以外の諸文明は、ここ数世紀にわたる「西洋化」によって、西洋文明の「内的プロレタリアート」に編入されてしまったから、西洋文明の混乱期、つまりミリタリズムの跳梁する時代にまきこまれている。簡単にいうと、このようなトインビーの見解によれば、近代は、世界戦国時代だということである。卑近にいえば、世界的な規模の乱世なのである。乱世に、すこしばかり心掛けをよくしたところで、それでミリタリズムと無縁であるなどと安心しておることはできない。群雄の割拠するこのような戦国時代は、群雄のなかのもっとも雄たる一強国によって統合される。そして、そこに「世界国家」が出現する。「世界国家」はミリタリズムの勝利の記念碑なのである。この移りは、ギリシアでも、古代シナでも、日本でも、そのほかのほとんどすべての「挫折」した文明についていえた。だから、トインビーは、現代の世界戦国時代が一強国（アメリカかソ連）によって終らされるにちがいないとみている。その統合が、かつてのように「ノック・アウトの打撃」によって、おこなわれるかどうかに、人類の死活がかかっている。原水爆戦争はさけられなければならない。世界戦争をさけて、世界国家または世界連邦へ移行しなくてはならない。もちろん、それをさけたことが、ミリタリズムを全面的に超えたことにはならない。結局は、世界的規模の「支配」の体制をつくりだすだろう。しかし、人類絶滅はなんとかしてさけなければならない。こういうときに際して、ミリタリズムの性格とその結末、つまりその自殺性を歴史的に考察してみようとすることは、悲劇的な乱世に処そうとする人の関心事でなくてはなるまい。

現代はいろいろな意味で過渡期である。たとえば、国民国家の時代がすぎて、世界国家へ移ろうとする過渡期、でないにしても、国民国家がより大きなものに統合されようとする過渡期だということは、誰しも承認するであろう。そういう編成替えの時代には、政治が圧倒的に優位し、ミリタリズムが大手をふって歩くものである。そういうとき、人間の主要なエネルギーが、人間生活の一分野にすぎない政治に、したがって軍事に、集中されすぎ、すべての解決が、政治的に、したがって軍事的に可能だと錯覚されてくる。政治が万能である、軍事が万能である、とおもわれてくる。この政治万能、軍事万能の思想がミリタリズムなのである（軍事万能の思想は、政治万能の思想のもっとも露骨な形態である。政治万能の思想をミリタリズムというのはあたらない。これは政治主義と命名すべきであろう。今日の政治的イデオロギーの多くは、ミリタリズムでないにしても、ほとんど政治主義だということができる）。それがどんなに自殺的なものかは、「富国強兵」のミリタリズムをつらぬいて、ついに敗戦したわれわれが身にしみて感じていることである。また、スパルタやアッシリアやティムールの事例が、これをあますところなくしめしている。それがどんな風であったかは、トインビーの綿密で周到な行文を読まれたい。

ここでは、ミリタリズムの性格について、注目すべき事柄を二、三あげるにとどめる。

第一に、ミリタリズムは、かならず手をひろげすぎ、われとわが身を滅すようなことをしでかしてしまうということである。アッシリアは、スパルタやマケドニアのように、勝利に酔って「オールを休める」ようなことはなく、不断に武器を改良し、戦術を練っていた。しかし、バビロニア文明の「辺境の番人」の本分をわすれて、内域であるバビロニアに干渉し、これと百年にわたる戦争をしたため、南北の辺境の向う側の敵と内部の敵との二正面作戦を強いられて、自滅していった。これは、他殺というよりも、自殺というべきである。同じことは、ティムールやシャルルマーニュにもいえる。外にむけて揮うべき剣を内へ擬した逸脱が、当然蒙るべき応報である。このことは、なにも「辺境の番人」でなくてもいえる。権力意志はあくことを知らないから、自滅するまで、手を拡げるものである。この際、股を大きくひらいていけば、やがて体がくずれるのは、社会物理的に必然なのである。

つぎに、ミリタリズムの権化ともいうべきスパルタが、もっとも典型的にしめしているように、ミリタリズムは、人間性の無視にいたる。というのは、戦争に勝つというただ一つの目標に、すべての社会活動、その資源とエネルギーを集中するからである。人間の正常な機能は、多様な労働をするところにある。それを円滑にするのが政治である。政治は目的ではなくて、社会的な営みの補助手段である。政治のなかのもっとも尖鋭な分野である軍事は、主として外に向いて、外敵の侵略に備えている。だから、軍事活動は、一般の社会活動にあくまでつかえるものであって、これを目的化してはならない。外敵が侵略するときには、全社会がその撃退にあたるべきであろう。しかし、その後には、平常な社会的な営みにかえらなくてはならない。ところが、この補助手段にすぎない軍事を、スパルタのミリタリズムは、目的化し、社会活動につかえるべき正常な機能を逆さにし、社会活動全体を軍事活動につかえさせるにいたった。本末転倒とは、このことであろう。そうしたのは、隣国（メッセニア）の汗の結晶を掠奪しようがためであった。その支配体制を維持しようがためであった。そこでは、戦争ということ、軍事訓練ということだけが、人間の主要な関心となり、他の関心が圧殺されてしまう。人間性は、多面的なもので、人間が選択する職業が沢山あるのも、この多面性からくる。軍人の製造だけを目標とした社会、市民生活のない、まったくの兵営生活、数世紀にわたって強行された戦時的体制、こういうもののなかにいたら、人間性はかならずいびつになってしまう。そこでは、軍事活動以外の営みがとまる。このような人間性を無視したものが、やがて自滅するのは当然であろう。

第三に、したがって、ミリタリズムの跳梁する社会では、文化の活潑な活動が影をひそめ、萎《い》靡沈滞《びちんたい》する。軍事的、政治的活動に関心が集中されると、芸術や学問の方がおろそかになるのは仕方がない。ある社会が健全であるか、歪んでいるかは、その社会の文化活動の活潑いかんで、判定することができる。スパルタの初期には、すばらしい工芸品があるのに、「リュクルゴス体制」をしいてから後のスパルタには、ほとんどみるべきものがなかった。スパルタやアッシリアほど一貫してミリタリズムに終始した国は、めずらしい。だが、ミリタリズムが猛威をふるう時期には、同じ文化の退化現象が、程度の差こそあれ、いずこにも見出される。ここから、ほとんど絶対的な確かさで、文化が活溌でないような社会体制は、あるいはその一時期は、不健康であり、どこか本質的なところが歪んでいるのだ、といえる。たとえ、文化が少数の支配層の独占物であるような社会でも、それが不活溌であったり、ほとんど欠如していたりするよりは、活溌な方がまだましなのである。

しかし、どんな苛酷な体制のもとでも、それに必要な技術は進歩しうる。むしろ、軍事技術の発達は、文化の後退に比例するとさえいえる。このことをトインビーは、本書の第八章「軍事技術の進歩の代償」で、ギリシア、ローマの歴史に即して、実に鮮やかに論証している。ギリシア文明で、軍事技術が飛躍的に発展したのは、スパルタとマケドニアとローマが、それぞれ軍事的に優勢または優位に立ったときである。ところが、文明的には、スパルタは、ギリシア文明の成長を自己のなかでとどめてしまい、マケドニアは、ギリシア文明を「挫折」させ、ローマはこれを「解体」させた。ギリシア文明の阻止、挫折、解体の張本人が、軍事技術を飛躍的に発展させている。ここから、われわれは近代技術の、とくに軍事技術の発展を、それが発展であるからといって喜ぶわけにはいかない。それは、ミリタリズムが跳梁する時期のまがう方のない特徴だからである。

一九五九年八月二三日　　山本　新

編集付記

一、本書は一九五九年に社会思想社から刊行されたA・J・トインビー『戦争と文明』を底本とし、新たな解説を作品の前に付した。
二、訳者による訳注・補注は〔 〕で示した（訳者序参照）。また解説者による注は［ ］で示した。
三、明らかな誤字は正した。地名・人名に関しては現代で多用される表記に改めたものもある。
四、今日の人権意識または社会通念に照らして、差別的な用語・表現があるが、時代背景と訳者が故人であることを鑑み、そのままとした。

中公
クラシックス
W96

戦争《せんそう》と文明《ぶんめい》

トインビー

2018年10月10日発行

訳　者　山 本 新
　　　　山 口 光 朔

発行者　松 田 陽 三

印　刷　凸版印刷
製　本　凸版印刷
ＤＴＰ　平面惑星

発行所　中央公論新社
〒100-8152
東京都千代田区大手町 1-7-1
電話　販売 03-5299-1730
　　　編集 03-5299-1740
URL http://www.chuko.co.jp/

訳者紹介

山本新（やまもと・しん）
1913（大正２）年、岡山生まれ。1937（昭和12）年、京都大学文学部卒業。神奈川大学教授。1980（昭和55）年逝去。著訳書に『トインビーと文明論の争点』『現代の政治的神話』『暴力・平和・革命』、マルティン『ルネッサンス』など。

山口光朔（やまぐち・こうさく）
1926（昭和元）年、神戸生まれ。1949（昭和24）年、京都大学文学部卒業。桃山学院大学教授、カリフォルニア大学客員教授、ブリッジポート大学客員教授などを歴任、その後、神戸女学院大学教授、同学長、神戸女学院大学名誉教授。1993（平成５）年逝去。著訳書にオールコック『大君の都』、トインビー『一歴史家の宗教観』『回想録』『人類と母なる大地』共訳、『異端の源流』など。

Published by CHUOKORON-SHINSHA, INC.
Printed in Japan　ISBN978-4-12-160181-0　C1210

■「終焉」からの始まり
――『中公クラシックス』刊行にあたって

二十一世紀は、いくつかのめざましい「終焉」とともに始まった。工業化が国家の最大の標語であった時代が終わり、イデオロギーの対立が人びとの考えかたを枠づけていた世紀が去った。歴史の「進歩」を謳歌し、「近代」を人類史のなかで特権的な地位に置いてきた思想風潮が、過去のものとなった。

人びとの思考は百年の呪縛から解放されたが、そのあとに得たものは必ずしも自由ではなかった。固定観念の崩壊のあとには価値観の動揺が広がり、ものごとの意味を考えようとする気力に衰えがめだつ。おりから社会は爆発的な情報の氾濫に洗われ、人びとは視野を拡散させ、その日暮らしの狂騒に追われている。株価から醜聞の報道まで、刺戟的だが移ろいやすい「情報」に埋没している。応接に疲れた現代人はそれらを脈絡づけ、体系化をめざす「知識」の作業を怠りがちになろうとしている。

だが皮肉なことに、ものごとの意味づけと新しい価値観の構築が、今ほど強く人類に迫られている時代も稀だといえる。自由と平等の関係、愛と家族の姿、教育や職業の理想、科学技術のひき起こす倫理の問題など、文明の森羅万象が歴史的な考えなおしを要求している。今をどう生きるかを知るために、あらためて問題を脈絡づけ、思考の透視図を手づくりにすることが焦眉の急なのである。

ふり返ればすべての古典は混迷の時代に、それぞれの時代の価値観の考えなおしとして創造された。それは現代人に思索の模範を授けるだけでなく、かつて同様の混迷に苦しみ、それに耐えた強靭な心の先例として勇気を与えるだろう。そして幸い進歩思想の傲慢さを捨てた現代人は、すべての古典に寛く開かれた感受性を用意しているはずなのである。

（二〇〇一年四月）

中公クラシックス既刊より

意志と表象としての世界ⅠⅡⅢ
ショーペンハウアー
西尾幹二訳
解説・鎌田康男
ショーペンハウアーの魅力は、ドイツ神秘主義と18世紀啓蒙思想という相反する二要素を一身に合流させていたその矛盾と二重性にある。いまその哲学を再評価する時節を迎えつつある。

近代史における国家理性の理念ⅠⅡ
マイネッケ
岸田達也訳
解説・佐藤真一
人は道義と権力、理想と現実の背理を克服できるのか。第一次大戦を体験した著者が、マキアヴェリやフリードリヒ大王を通して国家理性と現実政治の背理をどう克服すべきか追究する。

ヴォルテール回想録
ヴォルテール
福鎌忠恕訳
解説・中条省平
フリードリヒ大王との愛憎半ばする交友関係を軸に、リシュリュー、ポンパドゥール夫人、マリーア・テレージア等当代代表的人物を活写、実践的哲学を生んだ波瀾の人生を回想する。

語録　要録
エピクテトス
鹿野治助訳
解説・國方栄二
古代ローマの哲人エピクテトスは奴隷出身でストア派に学び、ストイックな思索に耽るがその思想行動の核は常に神の存在だった。平易な言葉で人生の深淵を語る説得力を持つ。

中公クラシックス既刊より

西洋の没落ⅠⅡ

シュペングラー
村松正俊訳
解説・板橋拓己

百年前に予見されたヨーロッパの凋落。世界史を形態学的に分析し諸文化を比較考察、第一次世界大戦中に西欧文化の没落を予言した不朽の大著の縮約版。

大西郷遺訓

西郷隆盛
林房雄訳
解説・原口泉

著作を残さなかった西郷の肉声を収録した唯一の作品『南洲翁遺訓』が、作家 林房雄の名訳と解読で甦る。珠玉の名言は混迷する世を打開する切り札となる⁉

禅仏教入門

鈴木大拙
増原良彦訳
解説・ひろさちや

禅とは何か？ 禅は虚無的か？ 禅を世界に知らしめた、英文でかかれた画期的作品を学生だったひろさちやが邦訳。半世紀を経て校訂し、新たな解説をつけて甦る。

政治と人間をめぐる断章
——リコルディ

グィッチャルディーニ
永井三明訳

マキアヴェリと同時代を生きたフィレンツェ共和国の歴史家・政治家による「知られざるもうひとつの君主論」。人間・社会を冷徹な眼差しで説く箴言は今でも訴える。